LA PREMIÈRE ANNÉE
D'ARITHMÉTIQUE

(CALCUL ÉCRIT — CALCUL ORAL)

OUVRAGE DESTINÉ AUX ÉCOLES PRIMAIRES

PAR

M. P. LEYSSENNE

Délégué à l'inspection générale de l'enseignement primaire.

TRENTE-CINQUIÈME ÉDITION

Le *cours d'Arithmétique* de M. LEYSSENNE est inscrit sur la liste des ouvrages fournis gratuitement par la ville de **Paris** à ses écoles communales, et sur la plupart des **listes départementales**.

PARIS

LIBRAIRIE CLASSIQUE ARMAND COLIN ET Cie

1, 3, 5, RUE DE MEZIERES

(A côté de la Mairie Saint-Sulpice)

LA PREMIÈRE ANNÉE
D'ARITHMÉTIQUE

(CALCUL ÉCRIT — CALCUL ORAL)

OUVRAGE DESTINÉ AUX ÉCOLES PRIMAIRES

PAR

M. P. LEYSSENNE

Délégué à l'inspection générale de l'enseignement primaire.

TRENTE-CINQUIÈME ÉDITION

Le *cours d'Arithmétique* de M. Leyssenne est inscrit sur la liste des ouvrages fournis gratuitement par la ville de **Paris** à ses écoles communales et sur la grande majorité des listes départementales.

PARIS
LIBRAIRIE CLASSIQUE ARMAND COLIN ET Cie
1, 3, 5, RUE DE MÉZIÈRES
(à côté de la Mairie Saint-Sulpice)

1883

PRÉFACE.

La *Première année d'Arithmétique* n'est pas une simple réédition des ouvrages analogues : fidèles au programme inscrit en tête de nos publications, nous nous sommes inspirés, en la composant, des besoins réels de l'enseignement élémentaire, et nous avons essayé d'introduire dans les méthodes actuelles les améliorations que nous avons souvent entendu réclamer.

D'où vient que les enfants trouvent souvent de l'aridité dans l'étude de l'arithmétique? C'est parce qu'on leur donne *trop tôt* des théories qui dépassent leur intelligence.

Pour rendre intéressant l'enseignement de l arithmétique, le procédé est facile : il suffit d'asseoir la théorie, réduite, simplifiée, sur une large pratique. Ainsi avons-nous fait.

De la première à la dernière page de ce livre, l'application sous une forme variée, intéressante, côtoie la règle, que nous exposons en termes faciles et concis. On y voit figurer alternativement l'exercice *écrit* qui appelle la réflexion et l'exercice *oral* qui forme la mémoire.

Par un procédé particulier de typographie, les règles, imprimées en caractères très-lisibles, tiennent *le haut* de la page; les exercices qui y correspondent viennent immédiatement *au-dessous*. L'importance de cette disposition n'échappera à personne, car on sait combien l'œil de l'enfant vient en aide à sa mémoire. Dans le même but, des types noirs font ressortir le mot important.

Nous nous étendons tout particulièrement sur la *numération*, qui est le point de départ des progrès à venir, et sur le *système métrique* qui est la véritable mise en œuvre des quatre règles.

Contrairement aux habitudes acquises, nous n'avons pas hésité à citer certains noms d'anciennes mesures, qu'un usage constant rattache au système métrique. Tels sont le sou, la lieue, le boisseau, la livre. Nous nous demandons pourquoi un traité *pratique* d'arithmétique tiendrait à l'écart des termes *pratiques* qui, par leur nouvelle valeur, dérivent du système décimal.

Afin que les élèves puissent s'habituer à ne rien lire qu'ils ne comprennent, nous avons marqué d'un astérisque les mots qui présentent quelque difficulté, et nous en donnons la définition dans un petit lexique placé à la fin de l'ouvrage.

En dernier lieu, soucieux de mener de pair l'éducation qui forme le cœur, et l'instruction qui forme l'intelligence, nous avons formulé çà et là quelques préceptes de conduite : ce n'est peut-être pas le moindre mérite de ce modeste ouvrage.

LA PREMIÈRE ANNÉE

D'ARITHMÉTIQUE

CHAPITRE PREMIER.

NUMÉRATION OU MANIÈRE DE COMPTER.

Les dix chiffres.

1. — Pour écrire **tous** les nombres, il ne faut que **dix** chiffres, qui sont :

Nom.	Figure.	Valeur.
Un	1...........	I
Deux	2...........	I I
Trois	3...........	I I I
Quatre	4...........	I I I I
Cinq	5...........	I I I I I
Six	6...........	I I I I I I
Sept	7...........	I I I I I I I
Huit	8...........	I I I I I I I I
Neuf	9...........	I I I I I I I I I
Zéro	0...........	**RIEN**

1. Que faut-il pour écrire tous les nombres? Quels sont les dix chiffres?

De l'unité.

2. — Pour **compter**, on part de l'**unité**.

Un	....				qu'on écrit	1
Un	et	un	font	deux	—	2
Deux	et	un	—	trois	—	3
Trois	et	un	—	quatre	—	4
Quatre	et	un	—	cinq	—	5
Cinq	et	un	—	six	—	6
Six	et	un	—	sept	—	7
Sept	et	un	—	huit	—	8
Huit	et	un	—	neuf	—	9
Neuf	et	un	—	dix	—	10

3. — Les unités **simples** forment le *premier ordre* et se placent au *premier rang*.

4. — **Dix** unités font une **dizaine**.

---

1. Exercice oral.

Répondez de vive voix aux questions suivantes:

1. Combien faut-il de mètres pour faire une dizaine de mètres?
2. Comptez des pommes de une à dix.
3. Comptez des francs de un à dix.
4. Que préférez-vous : dix noix ou une dizaine de noix?
5. Comptez dix poires au rebours, de dix à une.
6. Dans une dizaine combien y a-t-il d'unités?
7. Quelle est la place des unités?
8. D'où part-on pour compter?

2. Exercice écrit.

1. Écrivez les dix chiffres avec leurs noms.
2. Écrivez en lettres:

3 hommes.	5 charrues.	1 franc.
7 enfants.	8 moutons.	3 fenêtres.
4 maisons.	10 plumes.	5 litres.
9 chevaux.	2 arbres.	4 pommes.

3. Écrivez en chiffres:

Quatre chevaux.	Une plume.	Neuf noisettes.
Dix poires.	Deux cahiers.	Quatre noix.
Cinq pêches.	Cinq oranges.	Six prunes.
Quatre abricots.	Huit cerises.	Deux litres.

---

2. D'où part-on pour compter?
3. Quel ordre forment les unités simples?
4. Que font dix unites?

Des dizaines.

5. — On compte par **dizaines**, comme on compte par *unités*.

Une	dizaine	ou	DIX,	qu'on écrit	10
Deux	dizaines	ou	VINGT,	—	20
Trois	dizaines	ou	TRENTE,	—	30
Quatre	dizaines	ou	QUARANTE,	—	40
Cinq	dizaines	ou	CINQUANTE,	—	50
Six	dizaines	ou	SOIXANTE,	—	60
Sept	dizaines	ou	SOIXANTE-DIX,	—	70
Huit	dizaines	ou	QUATRE-VINGTS,	—	80
Neuf	dizaines	ou	QUATRE-VINGT-DIX,	—	90
Dix	dizaines	ou	CENT,	—	100

6. — Les **dizaines** forment les unités du *deuxième ordre* et se placent au *deuxième rang*.

---

3. Exercice oral.

Répondez de vive voix aux questions suivantes :

1. Combien faut-il de dizaines de personnes pour faire *soixante* personnes ?
2. — pour faire *vingt* personnes ?
3. — pour faire *soixante-dix* personnes ?
4. — pour faire *quatre-vingt-dix* personnes ?
5. — pour faire *cent* personnes ?
6. — pour faire *trente* personnes ?
7. Comptez dix par dix jusqu'à cent.
8. A quel rang se placent les dizaines ?
9. Avec quels chiffres écrivez-vous vingt ? — quarante ? — cinquante ? — quatre-vingts ? — quatre-vingt-dix ? — trente ?
10. Que faut-il faire pour que le chiffre *deux* représente *vingt ?*

4. Exercice écrit.

1. Écrivez en chiffres les dix dizaines avec les noms en regard.
2. Faites en sorte que 1, 2, 3, 4, 5 représentent dix, vingt, trente, quarante, cinquante.
3. Faites en sorte que 6, 7, 8, 9 représentent soixante, soixante-dix, quatre-vingts, quatre-vingt-dix.
4. Écrivez en chiffres : trente soldats, — dix maisons, — soixante enfants, — quarante chevaux, — quatre-vingt-dix moutons.

---

5. Comment compte-t-on par dizaines?

6. Quel ordre forment les dizaines?

Entre dix et vingt.

7. — Pour former les nombres compris entre **dix** et **vingt**, on se sert des **neuf** premiers nombres.

Dix et un	font	onze	qu'on écrit	11
Dix et deux	—	douze	—	12
Dix et trois	—	treize	—	13
Dix et quatre	—	quatorze	—	14
Dix et cinq	—	quinze	—	15
Dix et six	—	seize	—	16
Dix et sept	—	dix-sept	—	17
Dix et huit	—	dix-huit	—	18
Dix et neuf	—	dix-neuf	—	19
Dix et dix	—	vingt	—	20

5. Exercice oral.

Répondez de vive voix aux questions suivantes:

1. Comptez des noix de une à vingt.
2. Combien font dix pommes et dix pommes?
3. Combien font trois tas de trois pommes?
4. Combien y a-t-il de dizaines et d'unités dans treize? — douze? — quatorze? — onze? — dix? — vingt? — dix-sept?
5. Combien font dix prunes et deux prunes?
6. Combien font cinq noix et cinq noix?
7. Quelles sont les unités du premier ordre? — du second ordre?

6. Exercice écrit.

1. Écrivez en chiffres les nombres de un à vingt.
2. Écrivez en toutes lettres :

20 paletots	19 boutons	12 cols
12 pantalons	5 manches	7 draps
13 blouses	15 poches	9 bas
14 cravates	18 casquettes	17 chaussettes
17 chemises	11 chapeaux	15 gilets

Table d'addition de 2 en 2.

Apprenez par cœur

1	et	1	font	2	10	et	2	font	12
2	—	2	—	4	12	—	2	—	14
4	—	2	—	6	14	—	2	—	16
6	—	2	—	8	16	—	2	—	18
8	—	2	—	10	18	—	2	—	20

7. Comment forme-t-on les nombres compris entre dix et vingt?

Entre vingt et trente.

Entre trente et quarante.

8. — **Vingt** unités font **deux** dizaines.

9. — **Trente** unités font **trois** dizaines.

Vingt et un	qu'on écrit	21	Trente et un	qu'on écrit	31
Vingt-deux	—	22	Trente-deux	—	32
Vingt-trois	—	23	Trente-trois	—	33
Vingt-quatre	—	24	Trente-quatre	—	34
Vingt-cinq	—	25	Trente cinq	—	35
Vingt-six	—	26	Trente-six	—	36
Vingt-sept	—	27	Trente-sept	—	37
Vingt-huit	—	28	Trente-huit	—	38
Vingt-neuf	—	29	Trente-neuf	—	39
Trente	—	30	Quarante	—	40

7. Exercice oral.

Répondez de vive voix aux questions suivantes :

1. Comptez des pêches de une à trente.
2. Comptez des poires de trente à quarante.
3. Combien y a-t-il de dizaines et d'unités dans vingt-cinq ? — quarante? — vingt-six? — trente-deux? — quarante-cinq? — trente? — dix? — douze?
4. Énoncez les nombres qui contiennent :

Une dizaine et cinq unités.
Deux dizaines et six unités.
Trois dizaines et deux unités.
Deux dizaines de mètres et trois unités de mètres.

5. J'ai 4 noisettes dans une main et 10 dans l'autre, combien en ai-je en tout ?
6. Paul a 12 francs, Luc a 4 francs ; combien ont-ils à eux deux ?

Table d'addition de 2 en 2.

Apprenez par cœur :

20	et	2	font	22	30	et	2	font	32
22	—	2	—	24	32	—	2	—	34
24	—	2	—	26	34	—	2	—	36
26	—	2	—	28	36	—	2	—	38
28	—	2	—	30	38	—	2	—	40

8. Que font vingt unités? | 9. Que font trente unités?

Entre quarante et cinquante.
Entre cinquante et soixante.

10. — **Quarante** unités font **quatre** dizaines.
11. — **Cinquante** unités font **cinq** dizaines.

Quarante et un	qu'on écrit	41	Cinquante et un	qu'on écrit	51
Quarante-deux	—	42	Cinquante-deux	—	52
Quarante-trois	—	43	Cinquante-trois	—	53
Quarante-quatre	—	44	Cinquante-quatre	—	54
Quarante-cinq	—	45	Cinquante-cinq	—	55
Quarante-six	—	46	Cinquante-six	—	56
Quarante-sept	—	47	Cinquante-sept	—	57
Quarante-huit	—	48	Cinquante-huit	—	58
Quarante-neuf	—	49	Cinquante-neuf	—	59
Cinquante	—	50	Soixante	—	60

---

8. Exercice écrit.

Répondez par écrit aux questions suivantes :

1. Écrivez les nombres en chiffres de un à cinquante.
2. Quelles sont les unités du second ordre?
3. Quelles sont les unités du premier ordre?
4. Quelles sont les unités immédiatement supérieures aux unités simples?
5. Comment appelle-t-on la réunion de dix unités?
6. Combien y a-t-il de dizaines dans trente? — Dans soixante? — Dans vingt? — Dans quarante? — Dans cinquante?
7. Combien font trois et deux? — Cinq et quatre? — Six et cinq?
8. Écrivez en chiffres les soixante premiers nombres sur six colonnes de dix nombres chacune.

Table d'addition de 2 en 2.

Apprenez par cœur :

40	et	2	font	42	50	et	2	font	52
42	—	2	—	44	52	—	2	—	54
44	—	2	—	46	54	—	2	—	56
46	—	2	—	48	56	—	2	—	58
48	—	2	—	50	58	—	2	—	60

10. Que font quarante unités? | **11.** Que font cinquante unités?

Entre soixante et soixante-dix.
Entre soixante-dix et quatre-vingts.

12. — **Soixante** unités font **six** dizaines.
13. — **Soixante-dix** unités font **sept** dizaines.

Soixante et un qu'on écrit		61	Soixante et onze qu'on écrit		71
Soixante-deux	—	62	Soixante-douze	—	72
Soixante-trois	—	63	Soixante-treize	—	73
Soixante-quatre	—	64	Soixante-quatorze	—	74
Soixante-cinq	—	65	Soixante-quinze	—	75
Soixante-six	—	66	Soixante-seize	—	76
Soixante-sept	—	67	Soixante-dix-sept	—	77
Soixante-huit	—	68	Soixante-dix-huit	—	78
Soixante-neuf	—	69	Soixante-dix-neuf	—	79
Soixante-dix	—	70	Quatre-vingts	—	80

9. Exercice oral.

Répondez de vive voix aux questions suivantes :

1. Comptez à haute voix de un à soixante-dix.
2. Comptez de cinq en cinq jusqu'à quatre-vingts.
3. Combien y a-t-il de fois dix dans soixante-dix ?
4. Quel est le double de dix ? — de quinze ? — de vingt ? — de vingt-cinq ? — de trente ? — de quarante ?
5. Que reste-t-il de quatre-vingts si on en retranche cinq ?

10. Exercice écrit.

1. Écrivez en chiffres les nombres de quarante à quatre-vingts.
2. Joseph a 10 billes, Marcel en a 5; combien en ont-ils à eux deux ?
3. Gustave a 20 centimes, Luc en a 30 ; combien ont-ils à eux deux ?
4. Je donne 2 francs à Louis, 3 francs à Joseph, 7 francs à Luc, 5 francs à Albert. Combien ai-je donné en tout ?
5. Jean a gagné 6 bons points lundi, 4 mardi, 3 mercredi, 7 jeudi, 2 vendredi, 1 samedi. Combien en a-t-il gagné en tout ?

Table d'addition de 2 en 2.

Apprenez par cœur :

60	et	2	font	62	70	et	2	font	72
62	—	2	—	64	72	—	2	—	74
64	—	2	—	66	74	—	2	—	76
66	—	2	—	68	76	—	2	—	78
68	—	2	—	70	78	—	2	—	80

12. Que font soixante unités ? | 13. Que font soixante-dix unités ?

Entre quatre-vingts et quatre-vingt-dix.
Entre quatre-vingt-dix et cent.

14. — Quatre-vingts unités font **huit** dizaines.

15. — Quatre-vingt-dix unités font **neuf** dizaines.

Quatre-vingt-un	qu'on écrit	81	Quatre-vingt-onze	qu'on écrit	91
Quatre-vingt-deux	—	82	Quatre-vingt-douze	—	92
Quatre-vingt-trois	—	83	Quatre-vingt-treize	—	93
Quatre-vingt-quatre	—	84	Quatre-vingt-quatorze	—	94
Quatre-vingt-cinq	—	85	Quatre-vingt-quinze	—	95
Quatre-vingt-six	—	86	Quatre-vingt-seize	—	96
Quatre-vingt-sept	—	87	Quatre-vingt-dix-sept	—	97
Quatre vingt-huit	—	88	Quatre-vingt-dix-huit	—	98
Quatre-vingt-neuf	—	89	Quatre-vingt-dix-neuf	—	99
Quatre-vingt-dix	—	90	Cent	—	100

11. Exercice écrit.

Écrivez en lettres les nombres suivants :

45	14	70	38	85	22	11	92
38	80	49	18	20	55	44	66
67	36	82	51	53	88	25	27
13	69	43	84	41	23	91	60
46	15	76	39	74	56	77	93
79	48	17	72	87	24	26	32
35	81	50	19	42	57	59	65
68	37	83	52	15	90	33	94

Écrivez en chiffres les nombres de 1 à 100, par colonnes de dix chiffres.

Table d'addition de 2 en 2.

Apprenez par cœur :

80	et	2	font	82	90	et	2	font	92
82	—	2	—	84	92	—	2	—	94
84	—	2	—	86	94	—	2	—	96
86	—	2	—	88	96	—	2	—	98
88	—	2	—	90	98	—	2	—	100

14. Que font quatre-vingts unités?

15. Que font quatre-vingt-dix unités?

TABLEAU DES CENT PREMIERS NOMBRES.

Un....................	1	Cinquante et un.......	51
Deux..................	2	Cinquante-deux.........	52
Trois..................	3	Cinquante-trois.........	53
Quatre.................	4	Cinquante-quatre.......	54
Cinq...................	5	Cinquante-cinq.........	55
Six....................	6	Cinquante-six...........	56
Sept...................	7	Cinquante-sept..........	57
Huit...................	8	Cinquante-huit.........	58
Neuf...................	9	Cinquante-neuf.........	59
Dix..................	**10**	**Soixante**...............	**60**
Onze..................	11	Soixante et un.........	61
Douze.................	12	Soixante-deux..........	62
Treize.................	13	Soixante-trois..........	63
Quatorze..............	14	Soixante-quatre........	64
Quinze................	15	Soixante-cinq	65
Seize..................	16	Soixante-six............	66
Dix-sept..............	17	Soixante-sept...........	67
Dix-huit..............	18	Soixante-huit...........	68
Dix-neuf..............	19	Soixante-neuf...........	69
Vingt.................	**20**	**Soixante-dix**..........	**70**
Vingt et un...........	21	Soixante et onze........	71
Vingt-deux............	22	Soixante-douze.........	72
Vingt-trois............	23	Soixante-treize.........	73
Vingt-quatre..........	24	Soixante-quatorze......	74
Vingt-cinq............	25	Soixante-quinze........	75
Vingt-six..............	26	Soixante-seize..........	76
Vingt-sept............	27	Soixante-dix-sept.......	77
Vingt-huit............	28	Soixante-dix-huit.......	78
Vingt-neuf............	29	Soixante-dix-neuf.......	79
Trente...............	**30**	**Quatre-vingts**.........	**80**
Trente et un	31	Quatre-vingt-un........	81
Trente-deux...........	32	Quatre-vingt-deux......	82
Trente-trois...........	33	Quatre-vingt-trois......	83
Trente-quatre.........	34	Quatre-vingt-quatre.....	84
Trente-cinq...........	35	Quatre-vingt-cinq......	85
Trente-six.............	36	Quatre-vingt-six........	86
Trente-sept...........	37	Quatre-vingt-sept.......	87
Trente-huit...........	38	Quatre-vingt-huit.......	88
Trente-neuf...........	39	Quatre-vingt-neuf......	89
Quarante............	**40**	**Quatre-vingt-dix**.....	**90**
Quarante et un.........	41	Quatre-vingt-onze......	91
Quarante-deux.........	42	Quatre-vingt-douze.....	92
Quarante-trois.........	43	Quatre-vingt-treize.....	93
Quarante-quatre........	44	Quatre-vingt-quatorze...	94
Quarante-cinq.........	45	Quatre-vingt-quinze....	95
Quarante-six...........	46	Quatre-vingt-seize.....	96
Quarante-sept.....	47	Quatre-vingt-dix-sept...	97
Quarante-huit.........	48	Quatre-vingt-dix-huit...	98
Quarante-neuf.........	49	Quatre-vingt-dix-neuf...	99
Cinquante...........	**50**	**Cent**.................	**100**

Des centaines.

16. — **Dix dizaines** font **une centaine.**

17. — On compte par **centaines** comme on compte par *dizaines* et par *unités.*

Une	centaine	ou	cent	qu'on écrit	100
Deux	centaines	ou	deux cents	—	200
Trois	centaines	ou	trois cents	—	300
Quatre	centaines	ou	quatre cents	—	400
Cinq	centaines	ou	cinq cents	—	500
Six	centaines	ou	six cents	—	600
Sept	centaines	ou	sept cents	—	700
Huit	centaines	ou	huit cents	—	800
Neuf	centaines	ou	neuf cents	—	900
Dix	centaines	ou	mille	—	1000

18. — Les **centaines** forment les unités du *troisième ordre* et se placent au *troisième rang.*

---

12. Exercice oral.

Repondez de vive voix aux questions suivantes :

1. Combien y a-t-il d'unités dans une dizaine? — dans une centaine?
2. Combien y a-t-il de dizaines dans une centaine?
3. Quel ordre forment les unités simples? — les dizaines? — les centaines?
4. Comment écrit-on cent? — deux cents? — trois cents? — cinq cents? — six cents? — huit cents?
5. Combien y a-t-il de fois dix dans cent?
6. Que reste-t-il de cinquante si on en retranche dix?

Table d'addition de 10 en 10.

Apprenez par cœur :

5	et	5	font	10	50	et	10	font	60
10	—	10	—	20	60	—	10	—	70
20	—	10	—	30	70	—	10	—	80
30	—	10	—	40	80	—	10	—	90
40	—	10	—	50	90	—	10	—	100

16. Que font cent unités?
17. Comment compte-on par centaines?
18. Quel ordre forment les centaines?

Entre deux centaines.

19. — Pour avoir les nombres compris *entre deux centaines* qui se suivent, on se sert des **quatre-vingt-dix-neuf** premiers nombres.

101	111	121	131	141	151	161	171	181	191
102	112	122	132	142	152	162	172	182	192
103	113	123	133	143	153	163	173	183	193
104	114	124	134	144	154	164	174	184	194
105	115	125	135	145	155	165	175	185	195
106	116	126	136	146	156	166	176	186	196
107	117	127	137	147	157	167	177	187	197
108	118	128	138	148	158	168	178	188	198
109	119	129	139	149	159	169	179	189	199
110	120	130	140	150	160	170	180	190	200

13. Exercice écrit.

Remplacez les points par le mot convenable :

1. Les ... sont les unités du second ordre.
2. Les ... sont les unités du troisième ordre.
3. Les ... sont les unités du premier ordre.
4. Une centaine vaut ... dizaines ou ... unités.
5. Une dizaine vaut ... unités.
6. Les unités se placent au ... rang, les dizaines au ... rang, les centaines au ... rang.
7. Combien contiennent de centaines, de dizaines et d'unités les nombres suivants :

Trois cent quarante-huit.
Six cent soixante-trois.
Trois cent deux.
Cinq cents.

Six cent quatre-vingt-dix-huit.
Trois cent quatre-vingt-dix.
Sept cents.
Huit cent un.

Table d'addition de 20 en 20.

Apprenez par cœur :

10	et	10	font	20	100	et	20	font	120
20	—	20	—	40	120	—	20	—	140
40	—	20	—	60	140	—	20	—	160
60	—	20	—	80	160	—	20	—	180
80	—	20	—	100	180	—	20	—	200

19. Comment obtient-on les nombres compris entre deux centaines?

Des mille.

20. — **Dix centaines** font **un mille.**

21. — On compte par **mille** comme on compte par unités.

Un mille	qu'on écrit	1000	Sept mille	qu'on écrit	7000
Deux mille	—	2000	Huit mille	—	8000
Trois mille	—	3000	Neuf mille	—	9000
Quatre mille	—	4000	Dix mille	—	10000
Cinq mille	—	5000	Onze mille	—	11000
Six mille	—	6000	Douze mille	—	12000

22. — Les unités de mille se placent au *quatrième rang*. 1 000

Les dizaines de mille se placent au *cinquième rang*. 10 000

Les centaines de mille se placent au *sixième rang*. 100 000

---

14. Exercice écrit.

Répondez par écrit aux questions suivantes :

1. Quelle est l'espèce d'unités immédiatement supérieure aux centaines? — aux mille? — aux dizaines de mille?
2. Entre quelles espèces d'unités sont placées les unités de mille?
3. Combien faut-il d'unités simples pour former un mille?
4. Combien faut-il de dizaines d'unités pour former un mille?
5. Combien faut-il de mille pour former une dizaine de mille?
6. Combien faut-il de dizaines de mille pour former une centaine de mille?

Table d'addition de 500 en 500.

Apprenez par cœur :

250	et	250	font	500	2500	et	500	font	3000
500	—	500	—	1000	3000	—	500	—	3500
1000	—	500	—	1500	3500	—	500	—	4000
1500	—	500	—	2000	4000	—	500	—	4500
2000	—	500	—	2500	4500	—	500	—	5000

20. Que font mille unités?
21. Comment compte-t-on par mille?
22. A quel rang se placent les unités de mille? etc.

Entre deux mille.

23. — Pour avoir les nombres compris *entre deux mille* qui se suivent, on se sert des **neuf cent quatre-vingt-dix-neuf** premiers nombres.

1001	1011	1021	1110	1210	1310
1002	1012	....	1120	1220	1320
1003	1013	1030	1130	1230	....
1004	1014	1040	1140	1240	1400
1005	1015	1050	1150	1250	1500
1006	1016	1060	1160	1260	1600
1007	1017	1070	1170	1270	1700
1008	1018	1080	1180	1280	1800
1009	1019	1090	1190	1290	1900
1010	1020	1100[1]	1200	1300	2000

15. Exercice oral.

Décomposez les nombres suivants en mille, en centaines, en dizaines et en unités.

4100	9817	3553	5779
3201	3120	1165	1180
2109	2729	4670	2284
5310	5437	4373	7110
7212	7946	2475	1818

16. Exercice écrit.

Écrivez en chiffres les nombres suivants et décomposez-les :

1. Onze cent trente-sept.
2. Seize cent soixante.
3. Douze cent vingt-huit.
4. Treize cent vingt-neuf.
5. Mille quatre.
6. Mille quatorze.
7. Onze cent dix-sept.
8. Quatorze cents.
9. Deux mille.
10. Quinze cent soixante.
11. Mille dix-sept.
12. Mille neuf cent quatre

Table d'addition de 10 000 en 10 000.

Apprenez par cœur :

5 000	et	5 000	font	10 000		50 000	et	10 000	font	60 000
10 000	—	10 000	—	20 000		60 000	—	10 000	—	70 000
20 000	—	10 000	—	30 000		70 000	—	10 000	—	80 000
30 000	—	10 000	—	40 000		80 000	—	10 000	—	90 000
40 000	—	10 000	—	50 000		90 000	—	10 000	—	100 000

1. On dit *onze cents* plutôt que *mille cent; douze cents, treize cents*, etc.

23. Comment obtient-on les nombres compris entre deux mille?

Des millions et au delà.

24. — **Millions.** Dix centaines de mille font **un million**. 1 000 000

25. — Les millions se placent au *septième rang*.

Les dizaines de millions se placent au *huitième rang*. 10 000 000

Les centaines de millions se placent au *neuvième rang*. 100 000 000

26. — Dix centaines de millions font **un billion.**

---

17. Exercice écrit.

Remplacez les points par les mots convenables.

1. Tout chiffre placé au premier rang représente les....
2. Tout chiffre placé au deuxième rang représente les....
3. Tout chiffre placé au troisième rang représente les....
4. Tout chiffre placé au quatrième rang représente les....
5. Tout chiffre placé au cinquième rang représente les....
6. Tout chiffre placé au sixième rang représente les....
7. Tout chiffre placé au septième rang représente les....
8. Tout chiffre placé au huitième rang représente les....
9. Tout chiffre placé au neuvième rang représente les....
10. Tout chiffre placé au dixième rang représente les....
11. Combien faut-il de millions pour faire une dizaine de millions?
12. Combien faut-il de centaines de millions pour faire un billion?
13. Combien faut-il d'unités pour faire un mille?
14. Combien faut-il de mille pour faire un million?
15. Combien faut-il de millions pour faire un billion?

Table d'addition de 3 en 3.

Apprenez par cœur :

3	et	3	font	6	18	et	3	font	21
6	—	3	—	9	21	—	3	—	24
9	—	3	—	12	24	—	3	—	27
12	—	3	—	15	27	—	3	—	30
15	—	3	—	18	30	—	3	—	33

24. Que font dix centaines de mille?
25. Quelle est la place des millions, etc.?
26. Que font dix centaines de millions?

Résumé.

27. — Convention. 1° Une unité de chaque ordre vaut **dix** unités de l'ordre immédiatement inférieur.

2° Tout chiffre placé à la *gauche* d'un autre représente des unités **dix** fois plus fortes que cet autre.

Billions			Millions			Mille			Unités			
Centaines de billions.	Dizaines de billions.	Unités de billions.	Centaines de millions.	Dizaines de millions.	Unités de millions.	Centaines de mille.	Dizaines de mille.	Unités de mille.	Centaines d'unités.	Dizaines d'unités.	Unités simples.	
12e	11e	10e	9e	8e	7e	6e	5e	4e	3e	2e	1er	ordres

18. Exercice écrit.

Complétez les phrases suivantes d'après la convention.

1. Un billion vaut....
2. Une centaine de millions vaut....
3. Une dizaine de millions vaut....
4. Un million vaut....
5. Une centaine de mille vaut....
6. Une dizaine de mille vaut....
7. Un mille vaut....
8. Une centaine d'unités vaut....
9. Une dizaine d'unités vaut....

Table d'addition de 3 en 3.

Apprenez par cœur :

30	et	3	font	33	45	et	3	font	48
33	—	3	—	36	48	—	3	—	51
36	—	3	—	39	51	—	3	—	54
39	—	3	—	42	54	—	3	—	57
42	—	3	—	45	57	—	3	—	60

27. Quelle est la convention décimale ?

Comment on lit un nombre.

28. — Règle. Pour *lire* un nombre, on le partage en **tranches** de **trois** chiffres à partir de la droite ; cela fait, on énonce chaque tranche comme si elle était seule, en commençant par les unités les plus élevées.

29.—La première tranche est la tranche des **unités.**
La deuxième est la tranche des **mille**.
La troisième est la tranche des **millions.**
La quatrième est la tranche des **billions**.

---

19. Exercice oral.

Lisez les nombres suivants :

1 002 004	1 036 047	13 050 672
401 050 092	3 729 465	400 300 500
807 060 009	7 234 589	810 059 060
540 081 072	32 405 607	372 000 568
360 400 912	1 829 634	637 101 246
44 739 204	507 834 279	580 452 204
324 253 408	36 202 423	704 206 445

20. Exercice écrit.

Écrivez en toutes lettres les nombres suivants :

50 887 830 055	445 123 000 257	10 165 925 546
7 710 038 880	12 638 956 020	478 235 204 269
4 627 281 995	121 432 163 561	85 324 307 374
25 236 150 029	20 300 000 409	3 822 734 029
75 614 543 109	60 199 619 436	783 492 073
83 000 642 007	4 793 207 541	9 425 438 304

Table d'addition de 4 en 4.

Apprenez par cœur :

2	et	4	font	6	26	et	4	font	30
6	—	4	—	10	30	—	4	—	34
10	—	4	—	14	34	—	4	—	38
14	—	4	—	18	38	—	4	—	42
18	—	4	—	22	42	—	4	—	46
22	—	4	—	26	46	—	4	—	50

28. Comment lit-on un nombre?

29. Quelle est la première tranche, — la 2e, — la 3e, — la 4e ?

Comment on écrit un nombre.

30. — **Règle.** Pour *écrire* un nombre, on écrit chaque tranche comme si elle était seule, à partir de la gauche, mais on a soin de remplacer par des **zéros** les unités, les dizaines ou les centaines qui peuvent manquer.

---

21. Exercice écrit.

Écrire en chiffres les nombres suivants :

1. Huit *mille* — deux cent soixante et onze *unités.*
2. Onze *mille* — vingt-huit *unités.*
3. Dix-neuf *mille* — huit cent cinquante *unités.*
4. Trois *mille* — trois cent quatre-vingt-deux *unités.*
5. Onze *mille* — quatre cent soixante-neuf *unités.*
6. Trois cent neuf *mille* — sept cent trente *unités.*
7. Vingt *mille* — trois cent cinquante-sept *unités.*
8. Trois cent quatorze *mille* — huit cent vingt-neuf *unités.*
9. Sept *mille* — huit cent quarante-quatre *unités.*
10. *Mille* — quatre-vingt-seize *unités.*

22. Même exercice.

1. Vingt-quatre *millions* — deux cent quatorze *mille* — trois cent trente-sept *unités.*
2. Deux cent dix *millions* — cinq cent quarante-quatre *mille* — huit cent soixante-deux *unités.*
3. Vingt-cinq *mille.*
4. Trois cent soixante-quinze *mille.*
5. Quatre *millions* — deux *mille* — quatre *unités.*
6. Vingt-quatre *mille* — soixante-six *unités.*
7. Trois cent quarante *millions* — huit cent vingt-cinq *mille* — deux cent trente *unités.*

Table d'addition de 5 en 5.

Apprenez par cœur :

4	et	5	font	9	34	et	5	font	39
9	—	5	—	14	39	—	5	—	44
14	—	5	—	19	44	—	5	—	49
19	—	5	—	24	49	—	5	—	54
24	—	5	—	29	54	—	5	—	59
29	—	5	—	34	59	—	5	—	64

30. Comment écrit-on un nombre ?

Nombres décimaux.

31. — On appelle **nombre décimal** tout nombre composé d'unités entières et de *fractions décimales* de l'unité.

32. — Les *fractions décimales* de l'unité sont les **dixièmes**, les **centièmes**, les **millièmes**, les **dix-millièmes**, etc., qui sont de dix en dix fois plus petits.

33. — On sépare l'unité des dixièmes par une **virgule**.

34. — Les dixièmes sont au premier rang. 0,1
Les centièmes sont au deuxième rang.... 0,01
Les millièmes sont au troisième rang.. 0,001
Les dix-millièmes sont au quatrième rang. 0,0001

23. Exercice oral.

Répondez de vive voix aux questions suivantes:

1. Quelles sont les unités immédiatement inférieures aux unités simples ?
2. — immédiatement supérieures aux millièmes?
3. Qu'est-ce qu'un dixième? — Un centième? — Un millième?
4. Combien l'unité vaut-elle de dixièmes, de centièmes, de millièmes?
5. Combien le dixième vaut-il de centièmes, de millièmes ?
6. Combien le centième vaut-il de fois moins que le dixième ?
7. Combien le centième vaut-il de fois plus que le millième ?
8. Comment sépare-t-on l'unité des dixièmes ?

Table d'addition de 6 en 6.

Apprenez par cœur :

3	et	6	font	9	39	et	6	font	45
9	—	6	—	15	45	—	6	—	51
15	—	6	—	21	51	—	6	—	57
21	—	6	—	27	57	—	6	—	63
27	—	6	—	33	63	—	6	—	69
33	—	6	—	39	69	—	6	—	75

31. Qu'appelle-t-on nombre décimal ?
32. Quelles sont les fractions décimales de l'unité ?
33. Comment sépare-t-on l'unité des dixièmes ?
34. Quelle est la place des dixièmes, etc. ?

Nombres décimaux (*suite*).

35. — Pour écrire deux, trois, quatre, cinq, six, sept, huit, neuf **dixièmes**, on remplace le chiffre 1 par les chiffres 2, 3, 4, 5, 6, 7, 8, 9, et l'on a :

0,2 0,3 0,4 0,5 0,6 0,7 0,8 0,9

On fait de même pour les **centièmes** :

0,02 0,03 0,04 0,05 0,06 0,07 0,08 0,09

Et de même pour les **millièmes**, etc.

0,002 0,003 0,004 0,005 0,006 0,007 0,008 0,009

36. — Une fraction décimale peut contenir à la fois un ou plusieurs dixièmes, un ou plusieurs centièmes, un ou plusieurs millièmes, etc.

Ainsi le nombre 0,324

(qu'on énonce 0 unité, trois cent vingt-quatre millièmes), contient : 3 dixièmes, 2 centièmes, 4 millièmes.

---

24. Exercice écrit.

Quels sont les nombres qui contiennent :

4 unités,	2 dixièmes,	4 centièmes,	3 millièmes.
0 unité,	4 dixièmes,	5 centièmes,	8 millièmes.
18 unités,	0 dixième,	4 centièmes.	
2 unités,	0 dixième,	0 centième,	2 millièmes.
17 unités,	2 dixièmes,	4 centièmes,	5 millièmes.
7 unités,	4 dixièmes,	7 centièmes,	9 millièmes.
0 unité,	3 dixièmes,	9 centièmes,	2 millièmes.
4 unités,	5 dixièmes		
2 unités,	0 dixième,	5 centièmes.	

Table d'addition de 7 en 7.

Apprenez par cœur :

6	et	7	font	13	48	et	7	font	55
13	—	7	—	20	55	—	7	—	62
20	—	7	—	27	62	—	7	—	69
27	—	7	—	34	69	—	7	—	76
34	—	7	—	41	76	—	7	—	83
41	—	7	—	48	83	—	7	—	90

35. Comment écrit-on 1, 2, 3, ... dixièmes, etc.?

36. Que peut contenir une fraction décimale?

Comment on lit un nombre décimal.

37. — Règle. Pour *lire* un nombre décimal, on énonce d'abord la partie entière, puis la partie décimale; mais on a soin de donner au **dernier** chiffre décimal **le nom** de l'ordre qu'il représente.

D'après cette règle, les nombres décimaux suivants :

unités. dixièmes.	dizaines. unités. dixièmes. centièmes.	dizaines. unités. dixièmes. centièmes. millièmes.	unités. dixièmes. centièmes. millièmes. dix-millièmes.
0,5	22,05	42,356	5,4032

s'énoncent :

0 unité,	5 dixièmes
22 unités,	5 centièmes.
42 unités,	356 millièmes.
5 unités,	4032 dix-millièmes.

25. Exercice oral.

Répondez de vive voix aux questions suivantes

1. Énoncez les nombres décimaux suivants :

3,54	0,637	0,05
3,2	0,507	25,545
6,832	0,4302	32,0405
17,03	0,63009	2,0047
5,004	0,5043	0,453

2. Combien le nombre 3,54 contient-il d'unités, de dixièmes et de centièmes?

3. Combien le nombre 0,637 contient-il d'unités, de dixièmes, de centièmes et de millièmes?

4. Combien le nombre 0,05 contient-il d'unités, de dixièmes et de centièmes?

Table d'addition de 8 en 8.

Apprenez par cœur.

3	et	8	font	11	51	et	8	font	59
11	—	8	—	19	59	—	8	—	67
19	—	8	—	27	67	—	8	—	75
27	—	8	—	35	75	—	8	—	83
35	—	8	—	43	83	—	8	—	91
43	—	8	—	51	91	—	8	—	99

37. Comment lit-on un nombre décimal?

Comment on écrit un nombre décimal.

38. — Règle. Pour *écrire* un nombre décimal, on écrit d'abord la partie entière, puis la **virgule,** puis la partie décimale ; mais on a soin de placer le **dernier** chiffre décimal **au rang** qui lui convient.

39. — S'il n'y a pas de partie entière, on y supplée par un **zéro** suivi d'une virgule.

Ainsi	3 unités	25 centièmes	s'écrivent	3,25.
	13 unités	5 millièmes	—	13,005.
	0 unité	15 centièmes	—	0,15.

---

26. Exercice écrit.

Écrivez en chiffres les nombres décimaux suivants :

1. Quarante-sept unités, — neuf *dixièmes*.
2. Quatre unités, — quatre-vingt-dix-huit *centièmes*.
3. Zéro unité, — six cent trente-sept *millièmes*.
4. Zéro unité, — quarante-sept *millièmes*.
5. Six unités, — quatre *dixièmes*.
6. Quatre unités. — huit *dixièmes*.
7. Zéro unité, — dix-huit *dix-millièmes*.
8. Zero unité, — sept cent quarante-cinq *dix-millièmes*.
9. Neuf unités, — huit cent un *millièmes*.
10. Zéro unité, — cinquante-sept *millièmes*.

27. Exercice oral.

les nombres décimaux suivants :

4,55	0,502	2,55	3,0875
2,87	4,38	7,08	0,0008
3,07	9,2552	2,04	4,8
5,231	0,2003	5,007	9,425
0,04	4,05	0,004	3,3

Table d'addition de 9 en 9.

Apprenez par cœur :

3	et	9	font	12	57	et	9	font	66
12	—	9	—	21	66	—	9	—	75
21	—	9	—	30	75	—	9	—	84
30	—	9	—	39	84	—	9	—	93
39	—	9	—	48	93	—	9	—	102
48	—	9	—	57	102	—	9	—	111

38. Comment écrit-on un nombre décimal ?

39. Que fait-on s'il n'y a pas de partie entière?

NOTIONS PRÉPARATOIRES SUR LE SYSTÈME MÉTRIQUE.

40. — Il y a **huit** unités de mesures, qui sont :

Le mètre	pour	les	longueurs.
Le litre	pour	les	capacités.
Le gramme	pour	les	poids.
Le franc	pour	les	monnaies.
Le mètre carré	pour	les	surfaces.
L'are	pour	la	surface des terrains.
Le mètre cube	pour	les	volumes.
Le stère	pour	le	volume des bois de chauffage.

Multiples et sous-multiples.

41. — Les *multiples* s'expriment à l'aide des mots **déca, hecto, kilo, myria**.

Déca	signifie	dix.
Hecto	—	cent.
Kilo	—	mille.
Myria	—	dix mille.

42. — Les *sous-multiples* s'expriment à l'aide des mots **déci, centi, milli.**

Déci	signifie	dixième.
Centi	—	centième.
Milli	—	millième.

Du mètre.

43. — Les multiples du mètre sont :

Le décamètre	qui vaut	*dix* mètres.......	10	mètres.
L'hectomètre	—	*cent* mètres	100	—
Le kilomètre	—	*mille* mètres.....	1000	—
Le myriamètre	—	*dix mille* mètres.	10000	—

44. — Les sous-multiples du mètre sont :

Le décimètre	qui vaut	un *dixième* de mètre	$0^m,1$
Le centimètre	—	un *centième* de mètre	$0^m,01$
Le millimètre	—	un *millième* de mètre	$0^m,001$

40. Combien y a-t-il d'unités de mesures, et quelles sont-elles ?
41. A l'aide de quels mots s'expriment les multiples ?
42. A l'aide de quels mots s'expriment les sous-multiples ?
43. Quels sont les multiples du mètre ?
44. Quels sont les sous-multiples du mètre ?

Du litre.

45. — Les multiples du litre sont :

Le décalitre qui vaut	dix litres	....	10 litres.
L'hectolitre —	cent litres	....	100 —

46. — Les sous-multiples du litre sont :

Le décilitre, qui vaut	un dixième de litre	.....	$0^{l},1$
Le centilitre —	un centième de litre	....	$0^{l},01$

Du gramme.

47. — Les multiples du gramme sont :

Le décagramme, qui vaut	dix grammes	.....	10 gr.
L'hectogramme —	cent grammes	......	100 —
Le kilogramme —	mille grammes	......	1000 —

48. — Les sous-multiples du gramme sont :

Le décigramme, qui vaut	un dixième de gramme	..	$0^{gr},1$
Le centigramme —	un centième —	..	$0^{gr},01$
Le milligramme —	un millième —	..	$0^{gr},001$

Du franc.

49. — Le franc n'a pas de multiple.

50. — Les sous-multiples du franc sont :

Le décime qui vaut	un dixième de franc	.....	$0^{f},1$
Le centime —	un centième de franc	.....	$0^{f},01$

De l'are.

51. — L'are n'a qu'un multiple et un sous-multiple :

L'hectare, qui vaut cent ares	....	100 ares.
Le centiare, qui vaut un centième d'are	....	$0^{a},01$

Du stère.

52. — Le stère n'a qu'un multiple et un sous-multiple :

Le décastère, qui vaut dix stères	....	10 stères.
Le décistère, qui vaut un dixième de stère	....	$0^{st},1$

45, 46. Quels sont les multiples et les sous-multiples du litre?
47, 48. — du gramme?
49, 50. — du franc?
51. — de l'are?
52. — du stère?

CHAPITRE II.

ADDITION.

[Le signe de l'*addition* est +, prononcez : *plus*.]

53. — Les **quatre** opérations fondamentales de l'arithmétique sont : l'*addition*, la *soustraction*, la *multiplication* et la *division*.

Addition.

54. — L'**addition** est une opération qui a pour but de **réunir** plusieurs nombres de la même espèce en un seul, qu'on nomme **somme** ou **total**.

Exemple. — Soit à additionner les nombres 4, 2, 5, 7.

Je dis : 4 et 2 font 6, et 5 font 11, et 7 font 18.

Je fais une addition.

Le nombre 18 est le total.

```
  4
  2
  5
  7
 --
 18
```

28. Problèmes oraux.

Résolvez de vive voix les problèmes suivants :

1. Émile avait 17 prunes; son père lui en donne encore 2. Combien Émile a-t-il de prunes?
2. Hier Jules a pris 6 écrevisses, et 4 aujourd'hui. Combien en a-t-il pris en tout ?
3. Mon frère a gagné 7 francs le mois passé et 8 francs ce mois-ci. Combien a-t-il gagné en tout?
4. André a récolté 71 litres de haricots dans un jardin et 6 litres dans un autre. Combien en a-t-il récolté?
5. Jules a 8 ans, Anna 7 ans, Élisa 6 ans. Combien ces trois enfants ont-ils d'années ensemble?
6. Jean a donné 10 centimes à un pauvre, il en a dépensé 5 chez l'épicier. Combien a-t-il dépensé?

---

53. Quelles sont les quatre opérations fondamentales?
54. Qu'est-ce que l'addition ?

Addition des petits nombres.

55. — Règle. On doit s'habituer à additionner **de tête**, c'est-à-dire sans rien écrire, les nombres d'un chiffre et les petits nombres de deux chiffres.

56. — On doit également s'habituer de bonne heure à additionner **rapidement**, en prononçant le moins de mots possible.

57. — Les comptables de commerce parcourent des yeux les longues colonnes de chiffres de leurs registres et posent les totaux sans remuer les lèvres.

58. — Ils parviennent ainsi à vérifier en quelques instants un compte ou une facture *, ce que chacun doit pouvoir faire rapidement.

29. Exercice oral.

Répondez de vive voix et sans hésitation aux questions suivantes. (On devra revenir souvent sur ce genre d'exercices, qui donne des résultats excellents.)

Combien font :

17	et	6	et	3	et	5	10	et	9	et	7	et	2
20	et	4	et	9	et	3	28	et	3	et	6	et	5
25	et	8	et	6	et	2	22	et	7	et	4	et	3
28	et	7	et	4	et	3	17	et	3	et	5	et	6
16	et	9	et	8	et	6	13	et	8	et	9	et	4
12	et	7	et	5	et	4	26	et	4	et	5	et	7
12	et	8	et	3	et	9	15	et	9	et	7	et	8
27	et	3	et	7	et	5	19	et	3	et	8	et	6
14	et	6	et	3	et	7	23	et	2	et	4	et	9

30. Même exercice.

Combien font :

15	et	5	et	3	et	4	et	6	et	8	et	9	et	7
20	et	2	et	4	et	7	et	5	et	3	et	6	et	4
25	et	6	et	5	et	9	et	8	et	4	et	10	et	3
32	et	8	et	4	et	3	et	7	et	6	et	5	et	9
19	et	7	et	12	et	6	et	4	et	9	et	3	et	8
35	et	4	et	7	et	8	et	6	et	5	et	2	et	3
29	et	3	et	6	et	5	et	9	et	2	et	4	et	7
36	et	9	et	8	et	12	et	3	et	7	et	8	et	10

55, 56. Quelles habitudes doit-on prendre?

57. Que font les comptables?

58. A quoi parviennent-ils?

Nombres de plusieurs chiffres.

59. — **Règle**. Pour additionner des nombres de plusieurs chiffres, on écrit ces nombres **les uns au-dessous des autres**, de manière que les unités soient sous les unités, les dizaines sous les dizaines, les centaines sous les centaines, etc.

Cela fait, on additionne séparément les unités, puis les dizaines, puis les centaines, etc.

EXEMPLE. — Soit à additionner les nombres suivants :

```
           1243
            512
           6231
           ----
Total..... 7986
```

Je dis : 3 *unités* et 2 font 5, et 1 font 6, je pose 6 au-dessous des unités.

4 *dizaines* et 1 font 5, et 3 font 8, je pose 8 au-dessous des dizaines.

2 *centaines* et 5 font 7, et 2 font 9, je pose 9 au-dessous des centaines.

6 *mille* et 1 font 7, je pose 7 au-dessous des mille.

Pour plus de rapidité on dit : 3 et 2, 5, et 1, 6.

Et plus rapidement encore : 3, 5, 6.

---

31. Exercice écrit.

Effectuez les additions suivantes :

1	2	3	4	5	
126 231 412	231 504 132	147 321 21	384 205 400	170 415 304	252 103 613

7	8	9	10	11	12
542 126 200	163 604 122	301 152 15	35 900 41	241 142 103	560 137 102

13	14	15	16	17	18
218 320 50	327 31 620	470 104 311	333 242 413	453 215 30	27 130 712

59. Comment additionne-t-on des nombres de plusieurs chiffres?

De la retenue.

60. — Règle. Si la somme des unités dépasse **9**, on pose les unités sous la colonne des unités, et on **reporte** les dizaines sur la colonne des dizaines. — On fait de même pour les dizaines, pour les centaines, etc., jusqu'à la dernière colonne, sous laquelle on écrit la somme telle qu'on la trouve.

Exemple. — Soit à additionner les nombres suivants :

	879
	984
	542
Total.....	2405

Je dis : 9 *unités* et 4, 13, et 2, 15, je pose 5 sous les unités et je retiens 1 dizaine.

1 *dizaine* de retenue et 7 dizaines, 8, et 8, 16, et 4, 20, je pose 0 sous les dizaines, et je retiens les 20 dizaines ou 2 centaines.

2 *centaines* de retenue et 8 centaines, 10, et 9, 19, et 5, 24, je pose 4 sous les centaines, et j'avance 2.

---

32. Exercice écrit.

Effectuez les additions suivantes :

1	2	3	4	5	6
336	279	421	523	32	703
224	314	136	45	473	27
381	823	42	7	21	146
205	507	392	810	569	539

7	8	9		11	12
483	8902	2014	1046	8047	3425
789	1425	3579	2134	1421	2644
4532	238	8041	1567	367	3927
2041	5072	2137	2096	2039	1872

13	14	15	16	17	18
4679	2578	369	4298	321	219
3825	45267	4572	5724	4305	13748
36702	2310	34	38902	784	1729
52134	4357	57802	5723	3957	6312

60. Que fait-on si la somme des unités dépasse neuf?

Addition des nombres décimaux.

61. — **Règle.** L'addition des nombres décimaux se fait absolument comme celle des nombres entiers ; il suffit de placer toutes les **virgules** les unes au-dessous des autres, y compris celle du total.

EXEMPLE. — Soit à additionner les nombres décimaux suivants :

```
          7 3, 6 2 4
            8, 5 3 9
        5 4 7, 2 8
          1 4, 6 3 2
        ------------
Total.... 6 4 4, 0 7 5
```

Je dis : 4 millièmes et 9, 13, et 2, 15, je pose 5 et je retiens 10 millièmes ou 1 centième.

1 centième de retenue et 2, 3, et 3, 6, et 8, 14, et 3, 17, je pose 7 et je retiens 10 centièmes ou 1 dixième.

1 dixième et 6, 7, et 5, 12, et 2, 14, et 6, 20, je pose 0 et je retiens 20 dixièmes ou 2 unités, etc.

---

33. Exercice écrit.

Effectuez les additions suivantes :

1	2	3	4	5
4,35	8,79	2,4	0,55	5,63
8,52	3,42	3,87	23,144	9,425
42,63	10,78	0,33	2,19	0,83
57,92	2,94	42,204	0,382	4,524
3,25	32,45	0,9	8,24	9,845

6	7	8	9	10
8,06	0,47	0,007	452,875	2,45
0,927	63,71	0,0018	96,34	3,55
1,4	4,038	0,009	7,196	8,445
6,8915	0,0006	0,00256	89,4097	3,827
0,159	0,6495	0,0087	273,85	9,045

11	12	13	14	15
60,74	6,264	8,274	4,325	2,845
93,565	74,3789	0,925	85,729	3,9
9,4279	9,85	36,4182	3,405	0,957
37,6008	5,477	69,0835	0,053	9,872
4,877	87,979	6,9765	57,203	3,589

Comment se fait l'addition des nombres décimaux ?

Preuve de l'addition.

62. — On appelle **preuve** d'une opération une seconde opération destinée à vérifier le résultat de la première.

63. — Pour faire la preuve de l'addition, on recommence l'opération de **bas en haut**.

Preuve. . .	9443	9030	8756
	347	32	4893
	2563	542	257
	824	8094	3024
	5709	362	582
Total. . . .	9443	9030	8756

---

34. Exercice écrit.

Répondez par écrit aux questions suivantes :

1. Quelles sont les quatre règles?
2. Qu'est-ce que l'addition?
3. Comment s'appelle le résultat de l'addition?
4. Si en additionnant la colonne des unités vous trouvez 75, que faites-vous du 5? que faites-vous du 7?
5. Supposons que la colonne des unités produise 82 ; vous posez 2 sous les unités; que faites-vous des 80 unités restantes?
6. La colonne des dizaines produit 24. Dans 24 dizaines combien y a-t-il de centaines?

35. Exercice écrit.

Complétez les phrases suivantes :

1. La somme de plusieurs nombres additionnés est plus.... que *chacun* de ces nombres.
2. La somme est plus.... que *quelques-uns* des nombres à additionner, réunis ensemble.
3. *Chacun* des nombres à additionner est plus.... que la somme.
4. La somme est.... à *tous* les nombres à additionner réunis ensemble.
5. La somme est de même espèce que les....
6. Des *francs* ajoutés à des francs forment une somme qui représente des....

---

62. Qu'appelle-t-on preuve?
63. Comment fait-on la preuve de l'addition?

De la manière de chiffrer.

64. — On doit prendre de bonne heure l'habitude de **bien former** les chiffres.

65. — En chiffrant avec soin, on évite les erreurs et on s'épargne la peine de faire de longues recherches pour rectifier un calcul inexact.

---

36. Problèmes sur l'addition.

Résolvez les problèmes suivants :

1. On a mélangé 150 kilog. de salpêtre* avec 25 kilog. de soufre* et 25 kilog. de charbon, pour faire de la poudre à canon; combien a-t-on de kilog. de poudre?

2. Une école est divisée en trois classes : la première contient 37 élèves, la deuxième 49 et la troisième 54. Combien l'école contient-elle d'élèves?

3. Quelle est la somme que l'on a payée en donnant un billet* de 1000 francs, un billet de 500 francs, un billet de 200 francs, un billet de 100 francs, une pièce de 100 francs en or, un billet de banque de 50 francs, une pièce de 50 francs en or, un billet de 25 francs, un billet de 20 francs, une pièce d'or de 20 francs, une de 10 francs et une de 5 francs?

4. Une personne achète une maison 54 800 francs. Combien doit-elle la revendre pour gagner 3500 francs?

5. Un voiturier a acheté trois chevaux: le premier lui a coûté 450 francs, le deuxième 680 francs, le troisième 850 francs. Quelle dépense a-t-il faite pour ces trois chevaux?

6. Un ouvrier a placé à la caisse d'épargne* d'abord 35 francs, puis 80 francs, puis 115 francs, puis 170 francs, et enfin 236 francs. Combien a-t-il à la caisse d'épargne?

7. Janvier a 31 jours, février 28 ou 29, mars 31, avril 30, mai 31, juin 30, juillet 31, août 31, septembre 30, octobre 31, novembre 30 et décembre 31. De combien de jours se compose l'année?

8. Un bûcheron a fait 4 tas de bourrées* : dans le premier tas il y a 104 bourrées; dans le deuxième, 52 de plus; dans le troisième tas, autant que dans les deux premiers, et dans le dernier, 26 de plus que dans le deuxième et le troisième réunis : combien y a-t-il de bourrées dans les quatre tas?

---

64. Quelle habitude doit-on prendre?
65. Qu'évite-t-on en chiffrant avec soin?

Comment on doit placer les chiffres.

66. — Quand on a plusieurs nombres à superposer, comme dans l'addition, tous les chiffres de même ordre doivent être placés exactement **les uns au-dessous des autres.**

67. — Cette disposition a une telle importance que, dans les registres de comptabilité, tous les chiffres sont alignés à l'aide de petites lignes *sur lesquelles* on écrit.

Problèmes sur l'addition (suite).

9. Trois ballots* pèsent, le premier 291 kilog., le deuxième 173 kilog. et le troisième 318 kilog. Quel est leur poids total?

10. Un voyageur a fait 50 kilom. le premier jour, 85 le second, 39 le troisième et 115 le quatrième. Quel chemin a-t-il parcouru?

11. Une personne a reçu trois sommes : l'une de 857 francs, l'autre de 649 et la troisième de 1085 Combien a-t-elle reçu en tout?

12. Le Mont-Blanc*, la plus haute montagne de l'Europe, a 4815 mètres ; le mont Everest, en Asie, qui est la plus haute montagne de la terre, surpasse le Mont-Blanc de 4025 mètres. Quelle est la hauteur du mont Everest?

13. On a payé sur une dette un premier acompte* de 140 francs, un second de 25 francs, un troisième de 19 francs, un quatrième de 78 francs, et l'on doit encore 529 francs. A combien s'élevait cette dette?

14. Un voiturier quitte une ville après y avoir chargé 540 kilog. de marchandise. Pendant la route il charge une première fois 25 kilog., une deuxième fois 160 kilog., une troisième fois 137 kilog. Quel est le poids total de sa charge?

15. Un régiment de cavalerie contient 4 escadrons; le premier a 136 chevaux, le deuxième 159, le troisième 147, le quatrième 128. Quel est le nombre des chevaux de ce régiment?

16. Dans un champ j'ai compté 27 700 pieds de betteraves et 40 900 pieds de carottes; dans un autre, 1376 pieds de betteraves et 15 600 pieds de carottes : combien ai-je trouvé de pieds de betteraves? combien de pieds de carottes?

---

66. Comment doit-on placer les chiffres?

67. Comment aligne-t-on les chiffres dans les registres de comptabilité?

Nombres pairs.

68. — Pour s'habituer à additionner rapidement, il est bon de savoir **par cœur** les tables des nombres de 2 en 2, de 3 en 3, de 4 en 4, etc.

69. — **Nombres pairs**. On appelle nombres **pairs** tous les nombres de 2 en 2, à partir de 0.

70. — Voici la table des nombres pairs jusqu'à 100.

2	4	6	8	10	12	14	16	18	20
22	24	26	28	30	32	34	36	38	40
42	44	46	48	50	52	54	56	58	60
62	64	66	68	70	72	74	76	78	80
82	84	86	88	90	92	94	96	98	100

Problèmes sur l'addition (suite).

17. Dans un colombier il y a 100 pigeons, et dans un autre 67. Ceux du premier ont fourni pendant l'année 972 litres de colombine* et ceux du second 543 litres. Combien y a-t-il de pigeons dans les deux colombiers? combien ont-ils donné d'engrais*?

18. J'ai payé 104 fr. 60 pour 2 chênes, 88 fr. pour 3 hêtres, 276 fr. 80 pour 27 érables et 172 fr. pour 9 ormes : combien ai-je déboursé? combien ai-je eu d'arbres?

19. Un tuilier a livré des carreaux pour 249 fr., des tuiles pour 675 fr. et des faîtages* pour 58 fr. 50 : quel est le montant de ces livraisons?

20. Un domestique part à 8 heures du matin et il lui faut 9 heures pour se rendre à destination : à quelle heure arrivera-t-il?

21. J'ai employé 1000 kilogr. de pain de creton* sur un hectare de terre, j'en ai employé encore 405 kilog. sur une étendue de 45 ares, et en dernier lieu, 684 kilogr. sur une surface de 72 ares : combien ai-je répandu de cet engrais? sur combien d'ares?

22. Mon frère a semé 25 hectolitres de poudrette* jeudi, il en a semé 22 hectolitres le lendemain et 1980 litres samedi : combien a-t-il employé de poudrette?

23. Pour le binage* d'un hectare de carottes, Germain a reçu 25 fr., il a eu 16 fr. pour le binage de 80 ares de betteraves et 7 fr. 50 pour le binage de 26 ares de pavots : combien a-t-il reçu? quelle est la surface binée par Germain?

---

68. Quelle table est-il bon de savoir par cœur?
69. Qu'appelle-t-on nombres rs?

70. Récitez la table des nombres pairs.

Nombres impairs.

71. — On appelle nombres **impairs** tous les nombres de 2 en 2 à partir de 1.

72. —Voici la table des nombres impairs jusqu'à 99 :

1	3	5	7	9	11	13	15	17	19
21	23	25	27	29	31	33	35	37	39
41	43	45	47	49	51	53	55	57	59
61	63	65	67	69	71	73	75	77	79
81	83	85	87	89	91	93	95	97	99

Problèmes sur l'addition (suite).

24. La fortune d'une personne se compose d'une maison estimée 35 000 fr., d'une terre estimée 75 000 fr., d'un bois estimé 40 000 fr. et de valeurs* en portefeuille s'élevant à 82 000 fr. Quelle est la fortune de cette personne ?

25. On a vendu dans une année quatre éditions d'un ouvrage : la première a été tirée à 4250 exemplaires, la deuxième à 8540, la troisième à 10200 et la quatrième à 58 000. Combien a-t-on vendu d'exemplaires ?

26. Un régiment d'infanterie est composé de trois bataillons; le premier se compose de 936 hommes, le deuxième de 895 et le troisième de 978. Combien d'hommes a le régiment ?

27. Il a été consommé à Paris en 1869 16 213 706 kilog. d'avoine et 3 400 122 kilog. d'orge. Combien de kilog. en tout ?

28. Il y a dans un canton 8 communes : la première a 1682 habitants; la deuxième 1140; la troisième 1014; la quatrième 1271; la cinquième 1279; la sixième 2201; la septième 1119 et la huitième 2089. Quelle est la population du canton ?

29. Il y a dans un arrondissement 4 cantons : le premier a 8561 habitants; le deuxième 10237; le troisième 11 795 et le quatrième 13594. Quelle est la population de cet arrondissement ?

30. Il y a dans un département quatre arrondissements : le premier a 80205 habitants; le deuxième 151 066 ; le troisième 50 579 et le quatrième 44 189. Quelle est la population de ce département ?

31. Le monde se divise en cinq parties : l'Europe, l'Asie, l'Afrique, l'Amérique et l'Océanie. La population de l'Europe est de 288 000 000 habitants; celle de l'Asie de 700 000 000; celle de l'Afrique 100 000 000; celle de l'Amérique de 75 000 000 et celle de l'Océanie de 35 000 000. Quelle est la population de toute la terre ?

71. Qu'appelle-t-on nombres impairs ?

72. Récitez la table des nombres impairs.

Table de 3 en 3.

73. — Voici la table des nombres de 3 en 3 :

3	6	9	12	15	18	21
24	27	30	33	36	39	42
45	48	51	54	57	60	63
66	69	72	75	78	81	84
87	90	93	96	99	102	105

---

37. Exercices préparatoires sur le système métrique.

Répondez soit par ecrit soit de vive voix aux questions suivantes :

1. Si vous aviez à mesurer la longueur d'un mur, de quelle unité vous serviriez-vous ?
2. Comment appelle-t-on une dizaine de mètres ?
3. A quel rang place-t-on les décamètres ?
4. Pourquoi les place t-on au deuxième rang ?
5. Si un mur mesure 4 décamètres, combien mesure-t-il de mètres ?
6. Quel nom donne-t-on à une centaine de mètres ?
7. Que signifie alors le mot hecto ?
8. A quel rang place-t-on les hectomètres ?
9. Combien un hectomètre vaut-il de mètres ?
10. Combien l'hectomètre vaut-il de décamètres ?
11. Combien valent de mètres 2 hectomètres, — 3 hectomètres, — 4 hectomètres, — 5 hectomètres ?
12. Combien valent de décamètres 6, 7, 8, 9 hectomètres ?

38. Même exercice.

1. Combien y a-t-il de centaines de mètres, de dizaines de mètres et de mètres dans 432 mètres ?
2. Combien, dans ce même nombre, y a-t-il d'hectomètres, de décamètres et de mètres ?
3. En combien de parties divise-t-on le mètre ?
4. Qu'est-ce qu'un décimètre et quelle longueur a-t-il ?
5. A quel rang place-t-on les décimètres ?
6. Combien y a-t-il de décimètres dans un mètre ?
7. Combien y en a-t-il dans 2, 3, 4, 5 mètres ?
8. Combien y a-t-il de mètres dans 5 hectomètres ?
9. A quel rang place-t-on les millimètres ?
10. Pourquoi au troisième rang ?
11. Combien y a-t-il de millimètres dans un centimètre ?
12. Combien dans un mètre ?
13. Combien y a-t-il d'hectomètres dans un kilomètre ?

---

73. Récitez la table des nombres de 3 en 3.

CHAPITRE III

SOUSTRACTION.

(Le signe de la *soustraction* est —, prononcez : *moins*.)

74. — La **soustraction** est une opération qui a pour but de **retrancher** un plus petit nombre d'un plus grand.

75. — Le résultat de la soustraction se nomme **reste, excès** ou **différence.**

Exemple. — Soit à soustraire 8 de 12.
Je dis : 8 ôté de 12, il reste 4. Je fais une soustraction.
Le nombre 4 est le reste.

$$\begin{array}{r} 12 \\ 8 \\ \hline 4 \end{array}$$

39. Problèmes oraux.

Résolvez de vive voix les problèmes suivants :

1. Jules me devait 14 fr., il m'a déjà payé 8 fr. Que me doit-il encore ?
2. Vous avez récolté 25 décalitres de pommes de terre ; vous en avez vendu 7. Combien vous en reste-t-il ?
3. Pauline a 13 ans, son frère n'en a que 8. Combien Pauline a-t-elle d'années de plus que son frère ?
4. Un enfant avait 12 pommes, il en a mangé 8. Combien lui en reste-t-il ?
5. Jean a acheté du sel pour 10 fr., il le revend 12 fr. Quel est son bénéfice ?
6. Paul achète une feuillette de vin 30 fr., il la revend 33 fr. Que gagne-t-il ?
7. Une marchande achète des œufs pour 6 fr., elle les revend 13 fr. Que gagne-t-elle ?
8. Ernest devait 17 fr., il a déjà payé 8 fr. Que doit-il encore ?
9. Notre poirier portait 25 poires, le vent en a fait tomber 3. Combien en reste-t-il ?

---

74. Qu'est-ce que la soustraction ?
75. Comment se nomme le résultat de la soustraction ?

Soustraction des petits nombres.

76. — **Règle**. On doit s'habituer à faire les soustractions **de tête**, lorsqu'il s'agit de petits nombres.

77. — On doit également s'habituer à faire **rapidement** les soustractions, en prononçant le moins de mots possible.

78. — Enfin, ici comme dans l'addition, on doit **bien former** les chiffres et les disposer avec soin les uns au-dessous des autres

---

40. Exercice oral.

Répondez sans hésitation aux questions suivantes :

Combien font :

5	moins	2	15	moins	10	4	moins	1	8	moins	4
3	—	1	12	—	3	6	—	3	10	—	7
9	—	7	7	—	2	17	—	5	19	—	10
7	—	6	14	—	4	16	—	7	18	—	3
8	—	5	9	—	1	11	—	8	6	—	5
6	—	2	17	—	4	9	—	6	7	—	4
9	—	4	8	—	3	8	—	2	13	—	8
10	—	5	18	—	6	15	—	4	11	—	7
16	—	8	12	—	8	7	—	3	16	—	6
11	—	2	6	—	4	12	—	9	8	—	7
13	—	9	7	—	5	14	—	5	10	—	8
9	—	3	19	—	3	9	—	2	19	—	9

41. Même exercice.

Que reste-t-il si l'on ôte :

10	de	13	16	de	23	18	de	25	36	de	39
16	de	25	6	de	15	12	de	17	40	de	47
12	de	20	12	de	18	16	de	24	33	de	38
14	de	19	4	de	11	17	de	25	25	de	32
10	de	14	19	de	24	20	de	25	37	de	43
12	de	15	18	de	25	14	de	23	12	de	19
14	de	21	8	de	15	18	de	27	42	de	47
20	de	26	14	de	22	28	de	34	39	de	43
6	de	14	6	de	9	10	de	18	26	de	34
10	de	16	9	de	13	22	de	29	32	de	40
16	de	18	4	de	7	15	de	23	24	de	30
8	de	12	7	de	12	17	de	19	18	de	22

76, 77, 78. Quelles habitudes doit-on prendre ?

Soustraction des nombres de plusieurs chiffres.

79. — Règle. Pour soustraire l'un de l'autre deux nombres de plusieurs chiffres, on écrit le plus petit **sous le plus grand**, de manière que les unités soient sous les unités, les dizaines sous les dizaines, les centaines sous les centaines, etc.

Cela fait, on retranche séparément les unités des unités, les dizaines des dizaines, les centaines des centaines, etc.

EXEMPLE. — Soit à retrancher 5243 de 8769.

8 769	Plus grand nombre.
5 243	Plus petit nombre.
3 526	Reste ou différence.

Je dis : 3 ôté de 9, il reste 6. Je pose 6 au-dessous des unités.
4 ôté de 6, il reste 2. Je pose 2 au-dessous des dizaines.
2 ôté de 7, il reste 5. Je pose 5 au-dessous des centaines.
5 ôté de 8, il reste 3. Je pose 3 au-dessous des mille.

Pour plus de rapidité, on dit : 3 de 9, reste 6.

Plus rapidement encore : 3 de 9, 6.

---

42. Exercice écrit.

Effectuez les soustractions suivantes :

1	2	3	4	5	6
46	59	72		36	85
21	17	41	15	12	24
7	**8**	**9**	**10**	**11**	**12**
859	689	425	128	356	999
236	125	121	116	212	432
13	**14**	**15**	**16**	**17**	**18**
8174	9258	7644	9487	5846	9879
2151	7125	2121	1212	2641	8234
19	**20**	**21**	**22**	**23**	**24**
98765	87654	76543	65432	81927	94325
43213	2342	12341	12331	11213	83204

79. Comment soustrait-on deux nombres ?

L'un des chiffres inférieurs est plus fort.

80. — **Règle**. Lorsque l'un des chiffres inférieurs est plus fort que le chiffre supérieur correspondant, on augmente de **10** le chiffre supérieur et de **1** le chiffre inférieur de gauche.

81. — Si le chiffre supérieur est **0**, il devient **10**.

Exemple. — Soit à retrancher 437 de 802.
Je dis : 7 de **12**, il reste 5 et je retiens 1.
1 de retenue et 3, 4, de **10**, il reste 6, et je retiens 1.
1 de retenue et 4, 5, de 8, il reste 3.

802
437
365

---

43. Exercice écrit.

Effectuez les soustractions suivantes :

1	2	3	4	5	6
318 184	916 782	978 643	830 472	472 318	391 257
7	**8**	**9**	**10**	**11**	**12**
927 793	861 327	773 216	957 516	874 639	424 182
13	**14**	**15**	**16**	**17**	**18**
915 473	824 263	579 285	733 291	466 283	816 374
19	**20**	**21**	**22**	**23**	**24**
48324 34857	64968 32484	97452 25936	92355 24139	99358 24197	98515 23755
25	**26**	**27**	**28**	**29**	**30**
483259 294270	93577 41972	87155 35549	83943 67886	35773 19716	96146 45183
31	**32**	**33**	**34**	**35**	**36**
8739425 3825934	28173 19567	48934 35237	15716 13871	23962 13845	29545 15875

80. Que fait-on lorsque l'un des chiffres inférieurs est plus fort que le chiffre supérieur?

81. Que fait-on si le chiffre supérieur est zéro?

Soustraction des nombres décimaux.

82. — **Règle**. La soustraction des nombres décimaux se fait absolument comme celle des nombres entiers; il suffit de placer les **virgules** les unes au-dessous des autres, y compris celle du reste.

Exemple. — Soit à soustraire 2,394 de 3,756.

	3,756
	2,394
Reste. . . .	1,362

On soustrait successivement les millièmes des millièmes, les centièmes des centièmes, etc.

---

44. Exercice écrit.

Effectuez les soustractions suivantes :

1	2	3	4
18.732 12,961	23,61945 18,352	23,61 18.3529	42,5782 34,7325
5	**6**	**7**	**8**
63,9246 45,8739	47,6295 18,5816	31,248 30,96	59,153 8,67
9	**10**	**11**	**12**
5,406 2,987	8,325 5,6974	4,502 3,586	7,4 0,993
13	**14**	**15**	**16**
56,9070 29,08563	12,003 4,528	9,76 1,8853	0,108763 0,094815
17	**18**	**19**	**20**
27,32 19.4673	4,1 3,998	10 9,99925	6,3205 1,54396
21	**22**	**23**	**24**
1 0,297064	1 0,375	1 0,2736145	1 0,00742
25	**26**	**27**	**28**
36,452 29,8573	48,325 37,547	8,42 5,3679	2,523 1,48234

82. Comment se fait la soustraction des nombres décimaux?

Preuve de la soustraction.

83. — Pour faire la **preuve** de la soustraction, on additionne le plus petit nombre avec le reste : si l'opération est exacte, on retrouve le plus grand nombre.

EXEMPLE.

	923	2045	4834
	734	1923	2793
Reste.	189	122	2041
Preuve.	923	2045	4834

45. Exercice oral

Répondez de vive voix aux questions suivantes:

1. Qu'est-ce que la soustraction ?
2. Comment appelle-t-on le résultat de la soustraction ?
3. Comment appelle-t-on le résultat de l'addition ?
4. Comment fait-on pour soustraire l'un de l'autre deux nombres de plusieurs chiffres ?
5. Que fait-on si l'un des chiffres inférieurs est plus fort que le chiffre supérieur ?
6. Comment se fait la soustraction des nombres décimaux ?
7. Comment fait-on la preuve de la soustraction ?
8. Qu'appelle-t-on nombres pairs ? Récitez-les.
9. Qu'appelle-t-on nombres impairs ? Récitez-les.
10. Qu'est-ce qu'un nombre décimal ?
11. Récitez les nombres de 3 en 3.

46. Exercice écrit.

Complétez les phrases suivantes :

1. Le plus petit nombre ajouté au reste égale....
2. Le plus grand nombre moins le reste est égal au....
3. Si on augmente le nombre supérieur de dix unités, le reste sera....
4. Si on diminue le nombre supérieur, que devient le reste ?
5. Si on augmente le nombre inférieur de dix unités, le reste....
6. Si on diminue le nombre inférieur, le reste....
7. Si on augmente le nombre supérieur et le nombre inférieur de dix unités, le reste....

3. Comment fait-on la preuve de la soustraction ?

Table de 4 en 4

84. — Voici la table des nombres de **4** en **4** :

4	8	12	16	20
24	28	32	36	40
44	48	52	56	60
64	68	72	76	80
84	88	92	96	100

47. Problèmes sur la soustraction.

Résolvez par écrit les problèmes suivants :

1. Une marchandise a coûté 257 fr., on la revend 369, combien a-t-on gagné ?

2. Un ballot de marchandise pèse 146 kilogr. ; l'emballage * pèse à lui seul 15 kilogr. Que pèse la marchandise ?

3. Une personne achète pour 300 fr. de marchandises et paye avec un billet de banque de 500 fr. Quelle somme doit-on lui rendre ?

4. Une personne a acheté une maison 24 600 fr., elle la revend 29 600 fr. Combien gagne-t-elle à ce marché ?

5. Un ouvrier avait placé à la caisse d'épargne * 398 fr. ; il a dû en retirer 85 fr. dont il avait besoin ; quelle somme lui reste-t-il encore à la caisse d'épargne ?

6. Un marchand avait en caisse 637 fr. ; il a payé une traite * de 226 fr. Que lui reste-t-il en caisse ?

7. On a payé un acompte * de 325 fr. sur une dette de 1345 fr. Que doit-on encore ?

8. Sur une somme de 547 francs, un marchand fait un rabais * de 30 fr. Quelle somme recevra-t-il ?

9. Un vase vide pèse 318 gr. ; plein d'un liquide, il pèse 749 gr. Quel est le poids du liquide ?

10. Une caisse renfermait 439 assiettes ; on en trouve 39 de cassées. Combien en reste-t-il de bonnes ?

11. Un oncle laisse en mourant une fortune de 153 600 fr. Il donne par testament * à l'un de ses neveux 50 500 fr. Quelle somme laisse-t-il à ses autres héritiers ?

12. La hauteur d'une montagne est de 2405 mètres au-dessus du niveau de la mer. Une ville placée au pied de la montagne est encore à 103 mètres au-dessus du niveau de la mer. Quelle est la hauteur de la montagne au-dessus de la ville ?

13. Un voyageur parti le soir, en chemin de fer, pour un voyage de 632 kilomètres, se réveille le lendemain à une station qui, d'après son indicateur *, est à 359 kilomètres de son point de départ. Quelle distance a-t-il encore à parcourir ?

---

84. Récitez la table des nombres de 4 en 4

Table de 6 en 6.

85. — Voici la table des nombres de 6 en 6 :

6	12	18	24	30
36	42	48	54	60
66	72	78	84	90
96	102	108	114	120

Problèmes sur la soustraction (suite).

14. Dans un tonneau d'une contenance de 240 litres on a versé 157 litres. Combien faut-il encore de litres pour le remplir ?

15. Un fermier avait un troupeau de 350 moutons ; il en a vendu 167. Combien lui en reste-t-il ?

16. On échange un objet de 136 fr. pour un objet de 205 fr. Quelle somme doit-on donner en retour ?

17. Avant le commencement d'une bataille, un régiment avait 2050 hommes ; à la fin de la bataille, 1378 seulement répondent à l'appel. Combien ce régiment a-t-il perdu d'hommes ?

18. Un père avait 43 ans à la naissance de son fils ; quel sera l'âge du fils quand le père aura 60 ans ?

19. La comète* qui a paru en 1835 était restée 76 ans invisible. En quelle année avait eu lieu sa dernière apparition ?

20. La terre n'est pas exactement ronde. Le rayon au pôle * est de 6 356 558 mètres, et le rayon à l'équateur * est de 6 378 233 mètres. De combien de mètres la terre est-elle aplatie à chaque pôle ?

21. La première race des rois de France, celle des Mérovingiens, a commencé à régner en 420 ; la deuxième race, celle des Carlovingiens, en 752 ; la troisième race, celle des Capétiens, en 987 ; la première République a été établie en 1792, le premier Empire en 1804, la Restauration en 1814, la royauté des princes d'Orléans en 1830, la deuxième République en 1848, le deuxième Empire en 1852, la troisieme République en 1870. Combien d'années ont duré chacune de ces races et chacun de ces gouvernements ?

22. Il manque à une personne 1250 fr. pour avoir 4600 fr. de revenu. Quel est son revenu ?

23. J'ai eu 4300 tuiles pour 540 fr. ; j'en ai cédé 1575 pour 270 fr. ; combien me reste-t-il de tuiles ? à combien me reviennent-elles ?

24. Julie a eu 104 œufs de poule la semaine dernière et 16 œufs d'oie ; dimanche elle a livré 48 œufs de poule et une douzaine d'œufs d'oie. Combien lui reste-t-il d'œufs de poule ? combien d'œufs d'oie ?

---

85. Récitez la table des nombres de 6 en 6.

Table de 7 en 7.

86. — Voici la table des nombres de 7 en 7 :

7	14	21	28	35
42	49	56	63	70
77	84	91	98	105
112	119	126	133	140

Problèmes sur la soustraction (suite).

25. J'avais 800 kilogr. de paille de fèves et 38 hectolitres de fèves; j'ai vendu 19 hectolitres de fèves et j'ai fait consommer 367 kilogr. de paille. Que me reste-t-il : 1° en fèves? 2° en paille?

26. La différence de deux nombres est 57, et le plus grand est 108. Quel est le plus petit?

27. Quel est le nombre qui deviendrait 140 205, si on l'augmentait de 69 458?

28. Le total des naissances en France a été, en 1867, de 1 007 755, et le total des décès a été de 866 887. Quel a été l'accroissement de population de la France en 1867?

29. La population de la France était en 1861 de 37 382 225; en 1866, elle était de 38 067 064. Quelle avait été l'accroissement de population pendant ces cinq années?

30. Sous Philippe le Bel, en 1300, la population de Paris était de 125 000 habitants; en 1800 elle était de 732 800; en 1866, elle était de 1 825 274. De combien s'est-elle accrue de la première époque à la deuxième et de la deuxième à la troisième?

31. Une dame née en 1795 est morte en 1852. Quel âge avait-elle?

32. Dans combien d'années serons-nous en 1900?

33. En quelle année étions-nous il y a 25 ans?

34. L'Amérique a été découverte par Christophe Colomb en 1492. Depuis combien d'années cette découverte est-elle faite?

35. L'imprimerie a été inventée par Gutemberg en 1436. Depuis combien d'années imprime-t-on des livres?

36. La différence de deux nombres est 36, et le plus grand est 82; quel est le plus petit?

37. Pâques peut arriver au plus tôt le 22 mars, comme en 1818, et au plus tard le 25 avril, comme en 1866. Combien peut-il y avoir de jours de différence entre les dates de cette fête dans deux années différentes? (Le mois de mars a 31 jours.)

38. Louis XIV est né en 1638, il est monté sur le trône à l'âge de 5 ans, et il est mort en 1715. A quel âge est-il mort, et combien de temps a-t-il régné?

---

86. Récitez la table des nombres de 7 en 7.

Table de 8 en 8.

87. — Voici la table des nombres de **8** en **8** :

8	16	24	32	40
48	56	64	72	80
88	96	104	112	120
128	136	144	152	160

Problèmes sur la soustraction (suite).

39. Un maquignon a vendu un cheval 420 fr. et un mulet 235 fr.; il a reçu 250 fr. à valoir sur le prix du cheval, et 186 fr. à valoir sur le prix du mulet. Combien lui redoit-on sur chaque animal?

40. Je devais 60 francs au percepteur *, il m'a délivré quittance de 39 fr. 50. Combien lui redois-je?

41. Mon oncle et mon cousin ont fait un fonds de 10000 francs ; le premier a mis 7090 francs. Combien faut-il que mon cousin ajoute à sa première mise pour que les deux mises soient égales?

42. Le drainage * au moyen de cailloux coûte souvent 500 fr. par hectare, et il y a une économie de 240 francs pour le drainage avec conduits en terre cuite. Quel est le prix de revient par hectare de drainage au moyen de tuyaux?

43. Le plâtre * cuit pulvérisé coûte généralement 2 fr. 25 c. l'hectolitre; le plâtre cru coûte 1 fr. 80 c. Quelle économie y a-t-il par hectolitre à employer le plâtre cru?

44. Mon frère m'a vendu 22 hectolitres de seigle et 3500 kilogr. de paille; il m'a livré 13 hectolitres de seigle et 16 quintaux * de paille. Que lui reste-t-il à me livrer : 1° en seigle? 2° en paille?

45. En vendant mon verger * 1000 fr. j'ai fait un bénéfice de 198 fr. Combien l'avais-je payé?

46. Le magasin de mon voisin contenait 8 sacs de blé, 10 sacs de seigle, 40 sacs de méteil *, 247 sacs d'orge et 100 sacs d'avoine; on en a sorti 8 sacs de blé, 4 sacs de seigle, 32 sacs de méteil, 180 sacs d'orge et 58 sacs d'avoine. Dire ce qui reste de sacs par nature de céréales *?

47. Sur un hectare ensemencé en orge d'hiver, j'ai récolté 2432 kilogr. en grain et 2500 kilogr. de paille. Je n'ai encore mis en place que 1500 kilogr. d'orge et 13 quintaux * de paille. Quelle quantité reste-t-il encore à placer : 1° en orge? 2° en paille?

48. On prend de la viande chez le boucher pour 6 fr. 75 c.; on met sur le comptoir une pièce de 10 fr. Combien doit rendre le boucher?

49. Un berger compte ses moutons et dit : Si j'en avais 10 de plus, j'en aurais 100. Combien en a-t-il?

---

87. Récitez la table des nombres de 8 en 8.

Table de 9 en 9.

88. — Voici la table des nombres de **9** en **9**:

9	18	27	36	45
54	63	72	81	90
99	108	117	126	135
144	153	162	171	180

Exercices préparatoires sur le système métrique.

48. Du mètre.

Répondez de vive voix ou par écrit aux questions suivantes:

1. En combien de parties égales divise-t-on le décimètre?
2. Qu'est-ce qu'un centimètre?
3. Combien y a-t-il de centimètres dans un mètre?
4. Combien y a-t-il de décimètres dans un mètre?
5. A quel rang à droite de la virgule place-t-on les centimètres?
6. Écrivez 4 mètres 7 centimètres.
7. De quelles unités le zéro tient-il la place?

49. Du gramme.

1. Si vous aviez quelque chose à peser, de quelle unité de poids vous serviriez-vous?
2. Qu'est-ce qu'un décagramme?
3. Comment appelle-t-on le dixième du gramme?
4. A quel rang place-t-on les décigrammes?
5. Pourquoi au premier rang?
6. Combien valent de grammes 1, 2, 3, 4, 5, 6, 7 décagrammes?
7. Combien valent de décagrammes 10, 20, 30, 40, 50 grammes?

50. Exercice de révision sur la numération.

Répondez de vive voix aux questions suivantes :

1. Quelles unités viennent immédiatement avant un million?
2. A quel rang place-t-on les dizaines de mille?
3. Un chiffre est placé au huitième rang, que représente-t-il?
4. Quelles sont les plus hautes unités d'un nombre de six chiffres?
5. Un zéro est placé au troisième rang, quelles unités représentent les chiffres placés à sa droite et à sa gauche?
6. Entre quelles espèces d'unités sont placées les unités de millions?
7. Combien faut-il d'unités pour former un mille?
8. Combien faut-il de mille pour former un million?
9. Quelle espèce d'unité vaut à elle seule mille centaines d'unités?
10. Combien faut-il de dizaines de mille pour former un million?

---

88. Récitez la table des nombres de 9 en 9.

CHAPITRE IV.

MULTIPLICATION.

[Le signe de la *multiplication* est ×, prononcez : *multiplie par.*]

89. — La **multiplication** est une opération qui a pour but de répéter un nombre appelé **multiplicande** autant de fois qu'il y a d'unités dans un autre nombre appelé **multiplicateur**.

90. — Le résultat de la multiplication se nomme **produit.**

91. — Le multiplicande et le multiplicateur sont appelés les **facteurs** du produit.

92 — On prend pour multiplicande le plus grand des deux facteurs.

EXEMPLE. — Soit à multiplier 20 par 3.

Je dis : 3 fois 20 font 60. Je fais une multiplication.

20	. . .	20 est le multiplicande
3	. . .	3 est le multiplicateur
60	. . .	60 est le produit

51. Problèmes oraux.

Expliquez à haute voix les problèmes suivants :

1. Un panier contient 20 pommes ; combien 5 paniers semblables contiendront-ils de pommes ?
2. Dans une classe, chaque banc peut contenir 10 élèves ; combien entrera-t-il d'élèves dans 4 bancs ?
3. Un enfant a 2 ans ; combien a-t-il de mois ?
4. Une famille dépense 5 francs par jour ; combien dépense-t-elle tous les quatre jours ?
5. Un courrier met 15 heures pour aller d'une ville à une autre ; combien met-il de temps pour aller et revenir ?
6. Une chambre a 3 fenêtres semblables ; chaque fenêtre a 4 carreaux, et chaque carreau coûte 2 francs. Combien ces trois fenêtres ont-elles de carreaux, et combien devrait-on payer pour les faire remettre tous ?

---

89. Qu'est-ce que la multiplication ?

90. Comment se nomme le résultat de la multiplication ?

91. Comment sont appelés le multiplicande et le multiplicateur ?

92. Quel nombre prend-on pour multiplicande ?

Table de multiplication.

93. — On doit savoir réciter **sans hésitation** la table de multiplication.

0 fois	0	fait	0	0 fois	4	fait	0	0 fois	8	fait	0
0	1	..	0	0	5	..	0	0	9	..	0
0	2	..	0	0	6	..	0	0	10	..	0
0	3	..	0	0	7	..	0	0	11	..	0
								0	12	..	0

2 fois	0	font	0	5 fois	0	font	0	8 fois	0	font	0
2	1	..	2	5	1	..	5	8	1	..	8
2	2	..	4	5	2	..	10	8	2	..	16
2	3	..	6	5	3	..	15	8	3	..	24
2	4	..	8	5	4	..	20	8	4	..	32
2	5	..	10	5	5	..	25	8	5	..	40
2	6	..	12	5	6	..	30	8	6	..	48
2	7	..	14	5	7	..	35	8	7	..	56
2	8	..	16	5	8	..	40	8	8	..	64
2	9	..	18	5	9	..	45	8	9	..	72
2	10	..	20	5	10	..	50	8	10	..	80
2	11	..	22	5	11	..	55	8	11	..	88
2	12	..	24	5	12	..	60	8	12	..	96

3 fois	0	font	0	6 fois	0	font	0	9 fois	0	font	0
3	1	..	3	6	1	..	6	9	1	..	9
3	2	..	6	6	2	..	12	9	2	..	18
3	3	..	9	6	3	..	18	9	3	..	27
3	4	..	12	6	4	..	24	9	4	..	36
3	5	..	15	6	5	..	30	9	5	..	45
3	6	..	18	6	6	..	36	9	6	..	54
3	7	..	21	6	7	..	42	9	7	..	63
3	8	..	24	6	8	..	48	9	8	..	72
3	9	..	27	6	9	..	54	9	9	..	81
3	10	..	30	6	10	.	60	9	10	..	90
3	11	..	33	6	11	..	66	9	11	..	99
3	12	..	36	6	12	..	72	9	12	..	108

4 fois	0	font	0	7 fois	0	font	0	10 fois	0	font	0
4	1	..	4	7	1	..	7	10 ...	1	..	10
4	2	..	8	7	2	..	14	10 ...	2	..	20
4	3	..	12	7	3	..	21	10 ...	3	..	30
4	4	..	16	7	4	..	28	10 ...	4	..	40
4	5	..	20	7	5	..	35	10 ...	5	..	50
4	6	..	24	7	6	..	42	10 ...	6	..	60
4	7	..	28	7	7	..	49	10 ...	7	..	70
4	8	..	32	7	8	..	56	10 ...	8	..	80
4	9	..	36	7	9	..	63	10 ...	9	..	90
4	10	..	40	7	10	..	70	10 ...	10	..	100
4	11	..	44	7	11	..	77	10 ...	11	..	110
4	12	..	48	7	12	..	84	10 ...	12	..	120

93. Comment doit-on savoir la table de multiplication?

Multiplication des petits nombres.

94.—**Règle.** Lorsqu'il s'agit de petits nombres, la multiplication se fait **de tête,** au moyen de la table de multiplication.

95. — Comme pour l'addition, on doit s'habituer de bonne heure à opérer **rapidement,** en prononçant le moins de mots possible.

96. — On doit également bien former les chiffres et les superposer avec le plus grand soin.

---

52. Exercice oral.

Apprenez la table de multiplication par 2.
Répondez sans hésitation aux questions suivantes (on devra revenir souvent sur ce genre d'exercice) :

Combien font

6 fois 2	12 fois 2	4 fois 5	3 fois 2
7 — 9	4 — 2	7 — 7	4 — 7
3 — 7	9 — 5	5 — 9	7 — 3
12 — 3	3 — 7	12 — 8	8 — 6
11 — 4	8 — 8	4 — 9	11 — 8
9 — 3	11 — 3	8 — 5	9 — 6
4 — 8	5 — 6	6 — 8	5 — 4
3 — 6	7 — 8	12 — 7	12 — 6
7 — 5	6 — 7	9 — 9	3 — 5
8 — 9	3 — 8	7 — 6	7 — 4

53. Même exercice.

Combien font

7 fois 3	6 fois 2	12 fois 2	5 fois 7
5 — 4	7 — 4	7 — 6	6 — 4
3 — 7	9 — 3	4 — 12	3 — 12
2 — 5	4 — 8	6 — 9	4 — 7
3 — 9	10 — 6	8 — 7	10 — 12
6 — 8	8 — 12	10 — 11	7 — 8
4 — 5	7 — 9	9 — 7	8 — 9
8 — 7	6 — 11	5 — 8	11 — 10
9 — 11	12 — 5	2 — 4	9 — 12
10 — 3	3 — 8	11 — 3	2 — 7

---

94. Comment se fait la multiplication lorsqu'il s'agit de petits nombres?
95 96. Quelles habitudes doit-on prendre?

Le multiplicateur n'a qu'un chiffre.

97. — Règle. Lorsque le multiplicateur n'a qu'un chiffre, on multiplie successivement **chaque chiffre** du multiplicande par le chiffre du multiplicateur, en ayant soin d'ajouter à chaque produit la **retenue** du produit précédent.

EXEMPLE. — Soit à multiplier 786 par 4.

```
 7 8 6...... multiplicande.
     4...... multiplicateur.
---------
3 1 4 4...... produit.
```

Je dis : 4 fois 6 unités font 24 unités ; je pose 4 à la colonne des unités et je retiens 2 dizaines pour la colonne des dizaines.

4 fois 8 dizaines font 32 dizaines, et 2 dizaines de retenue, 34 dizaines ; je pose 4 à la colonne des dizaines et je retiens 30 dizaines ou 3 centaines pour la colonne des centaines.

4 fois 7 centaines font 28 centaines, et 3 centaines de retenue, 31 centaines ; je pose 1 à la colonne des centaines et j'avance 3 à la colonne des mille.

Pour plus de rapidité, je dis :
4 fois 6, 24, je pose 4 et je retiens 2.
4 fois 8, 32 et 2, 34, je pose 4 et je retiens 3.
4 fois 7, 28, et 3, 31, je pose 1 et j'avance 3.

---

54. Exercice écrit.

Apprenez la table de multiplication par 3.
Effectuez les multiplications suivantes :

1	2	3	4	5	6
34 4	62 6	48 5	78 9	84 5	824 3
7	**8**	**9**	**10**	**11**	**12**
246 3	606 4	805 9	426 8	3692 5	2672 7
13	**14**	**15**	**16**	**17**	**18**
3693 8	2764 7	4213 5	367 8	34 2	5792 9

97. Comment fait-on lorsque le multiplicateur n'a qu'un chiffre ?

Le multiplicateur a plusieurs chiffres.

98. — **Règle.** Quand le multiplicateur a plusieurs chiffres, on multiplie le multiplicande par **chacun** des chiffres du multiplicateur; on obtient ainsi plusieurs produits **partiels**, qu'on superpose de manière que le produit des unités soit au *premier* rang, le produit des dizaines au *deuxième* rang, le produit des centaines au *troisième* rang, etc.

Cela fait, on **additionne** les produits *partiels* pour obtenir le produit *total*.

EXEMPLE. — Soit à multiplier 34759 par **5423**.

34759	. . . multiplicande.		
5423	. . multiplicateur.		
104277	...34759×[1] **3** unités donne	104277 unités	Produits partiels.
69518	...34759× **2** dizaines —	69518 dizaines	
139036	...34759× **4** centaines —	139036 centaines	
173795	...34759× **5** mille —	173795 mille	
188498057	. . . PRODUIT TOTAL.		

55. Exercice écrit.

Apprenez la table de multiplication par 4.
Effectuez les multiplications suivantes :

1	2	3	4	5
3728 35	5171 26	7335 564	8778 93	9497 638
6	**7**	**8**	**9**	**10**
92381 726	87425 815	63179 5927	822434 5649	193891 6294
11	**12**	**13**	**14**	**15**
374612 6146	565328 357	1926764 9182	8468 254	5639 43
16	**17**	**18**	**19**	**20**
4748 715	82537 48	925783 3247	57893 48	92578 346

1. Le signe × s'énonce *multiplié par*.

98. Que fait-on quand le multiplicateur a plusieurs chiffres ?

Le multiplicateur contient des zéros intercalés.

99. — Règle. Lorsque le multiplicateur contient des zéros intercalés entre d'autres chiffres, on néglige ces zéros, mais on a soin de placer les produits partiels provenant des chiffres suivants **au rang** *qui leur convient.*

EXEMPLE. — Soit à multiplier 46789 par 23004.

```
     46789
     23004
    ------
    187156
  14036700
  93578
----------
1076334156
```

Je multiplie 46789 par 4, soit 187156 *unités.*
Puis je dis : 0 dizaine ne multiplie pas; je pose **0** sous les *dizaines.*
0 centaine ne multiplie pas; je pose **0** sous les *centaines.*
3 fois 9, 27, je pose **7** sous les *mille*, etc.
2 fois 9, 18, je pose **8** sous les *dizaines de mille*, etc.

100. — Quand les facteurs sont *terminés* par des zéros, on opère sans tenir compte des zéros, mais on ajoute au **produit** *autant de zéros* qu'il y en a dans les *deux* facteurs.

EXEMPLE. — Soit à multiplier 3600 par 80.

Je multiplie simplement 36 par 8, soit 288, et j'ajoute 3 zéros, soit 288000.

---

56. Exercice écrit.

Apprenez la table de multiplication par 5.
Effectuez les multiplications suivantes :

1	2	3	4	5
5781 504	8672 3006	3728 101	51896 20008	47753 504
6	**7**	**8**	**9**	**10**
316938 50906	947295 1060	824927 2007	60509 5003	8006 9005
11	**12**	**13**	**14**	**15**
24500 300	45200 4700	39700 3403	45403 5700	9780 200

99, 100. Que fait-on lorsque le multiplicateur contient des zéros intercalés? — quand les facteurs sont terminés par des zéros?

Multiplication des nombres décimaux.

101. — Règle. La multiplication des nombres décimaux se fait absolument comme celle des nombres entiers ; il suffit de séparer au produit, **par une virgule**, à partir de la droite, autant de chiffres décimaux qu'il y en a dans les **deux facteurs.**

EXEMPLE. — Soit à faire les multiplications suivantes :

1er Exemple.	2e Exemple.
36,428	0,625
12	0,07
72 856	0,04375
364 28	
437,136	

1er *Exemple.* — Comme il y a trois chiffres décimaux au multiplicande, je sépare trois chiffres au produit, à partir de la droite, soit 437,136.

2e *Exemple.* — Le multiplicande et le multiplicateur donnent *cinq* chiffres décimaux. Le produit n'ayant que quatre chiffres, je *complète* le nombre *cinq* par un **0** que je sépare par une virgule du 0 des unités.

57. Exercice.

Apprenez la table de multiplication par 6.
Effectuez les multiplications suivantes:

1	2	3	4	5
4,527 8	0,364 17	0,0829 6	0,0078 534	9,7 5
6	**7**	**8**	**9**	**10**
65 0,4	128 0,35	2473 0,026	19 4,7	304 6,09
11	**12**	**13**	**14**	**15**
4,3 5,2	27,18 6,3	9,571 14,28	67,2 5,43	0,001 0,01
16	**17**	**18**	**19**	**20**
13,65 420	647,083 3600	95 17,0043	800 705,048	806,91 7,046

101. Comment se fait la multiplication des nombres décimaux?

Comment on multiplie un nombre par 10, 100, 1000.

Nombres entiers.

102. — Règle. Pour multiplier un nombre entier par 10, 100, 1000, on ajoute 1, 2, 3 **zéros** à sa droite.

Ainsi :	25 multiplié par	10 égale	250
	25 —	100 —	2500
	25 —	1000 —	25000

Nombres décimaux.

103. — Règle. Pour multiplier un nombre décimal par 10, 100, 1000, on avance la **virgule** de 1, 2, 3 rangs vers la droite.

Ainsi	0,475 multiplié par	10 égale	4,75
	0,475 —	100 —	47,5
	0,475 —	1000 —	475

104. — Règle. Quand le nombre décimal ne contient pas assez de chiffres décimaux, on y supplée par des *zéros*.

Ainsi	4,5 multiplié par	10 égale	45
	4,5 —	100 —	450
	4,5 —	1000 —	4500

58. Exercice.

Apprenez la table de multiplication par 7.
Effectuez les opérations suivantes :

1. Multipliez par 10 les nombres suivants :

47	25	36	2124	46257
36	18	54	103650	1002178

2. Multipliez par 100 les nombres suivants :

214	6205	18910	12734	3792
1837	436	12815	9875	17876

3. Multipliez par 1000 les nombres décimaux suivants :

7,35	17,5	4,630	18,32	937,8
8,64	9,63	9,845	57,6575	7,6

102. Comment multiplie-t-on un nombre entier par 10, 100, 1000?
103. — un nombre décimal?
104. Que fait-on quand le nombre décimal ne contient pas assez de chiffres décimaux?

Preuves de la multiplication.

105. — **Règle.** Pour faire la preuve de la multiplication, on intervertit l'ordre des facteurs : si les produits sont égaux, l'opération est exacte.

	Multiplication.	Preuve.	
Multiplicande	835	347	
Multiplicateur	347	835	
	5845	1735	
	3340	1041	
	2505	2776	
Produit.	289745	289745	Produit égal.

106. — **Preuve par 9.** — On commence par tracer deux barres en croix qui forment quatre angles. Ensuite on opère ainsi :

1° On additionne les chiffres du *multiplicande :*

8 et 3, 11, et 5, 16 ; je retranche 9 et il reste 7. Je pose 7 dans l'angle *a*. (Au lieu de retrancher 9 de 16, j'additionne les deux chiffres 1 et 6 de 16, ce qui fait aussi 7 ; cela revient au même et on va plus vite.)

2° On additionne de même les chiffres du *multiplicateur :*

3 et 4, 7, et 7, 14 ; 1 et 4, 5. Je pose 5 dans l'angle *b*.

3° On multiplie l'un par l'autre les deux chiffres obtenus :

5 fois 7 font 35 ; 3 et 5, 8. Je pose 8 dans l'angle *c*.

4° On additionne les chiffres du *produit :*

2 et 8, 10 ; 1 et 0, 1. Je passe le 9 sans le compter. 1 et 7, 8, et 4, 12 ; 1 et 2, 3 ; 3 et 5, 8. Je pose 8 dans l'angle *d*.

Les deux chiffres 8, placés en regard, étant égaux, l'opération est bonne.

---

105. Comment fait-on la preuve de la multiplication ?

106. Comment fait-on la preuve par 9 ?

Problème raisonné

Un hectolitre de blé coûte 23 francs. Combien coûteront 57 hectolitres ?

Démonstration.

Si un hectolitre de blé coûte 23 francs,

57 hectolitres coûteront 57 fois plus, c'est-à-dire 23 francs répétés 57 fois, ou

$$23^{f} \times 57 = 1311^{f}.$$[1]

Réponse : **1311** francs.

---

59. Problèmes sur la multiplication

Apprenez la table de multiplication par 8.

Résolvez les problèmes suivants :

1. Dans un jour il y a 24 heures; combien y a-t-il d'heures dans une année de 365 jours ?
2. Un ouvrier gagne 4 fr. par jour ; que gagnera-t-il en 26 jours ?
3. Que coûteront 12 douzaines de mouchoirs à 18 fr. la douzaine ?
4. L'heure contient 60 minutes, et la minute contient 60 secondes; combien y a-t-il de secondes dans une heure ?
5. Combien peut-on mettre d'élèves sur 12 bancs qui contiennent chacun 8 élèves ?
6. Combien coûtent 17 mètres d'étoffe à 23 fr. le mètre ?
7. Un commis reçoit 75 fr. par mois ; quel est son traitement d'une année ?
8. Combien y a-t-il de minutes dans 36 heures ?
9. 1 kilog. de marchandise coûte 29 fr. ; combien coûteront 15 kil. de cette marchandise ?
10. Une pièce de vin coûte 85 fr.; combien coûteront 13 pièces du même vin ?
11. Quel est le nombre 56 fois plus grand que 249 ?
12. Une maison a 27 fenêtres, et chaque fenêtre a 6 carreaux ; combien de carreaux contient cette maison ?
13. En partageant une somme entre trois personnes, chacune a eu 859 fr. Quelle était cette somme ?
14. Une feuille d'impression contient 36 pages; combien un volume de 6 feuilles a-t-il de pages ?
15. Combien placera-t-on de personnes dans une salle où il y a 43 banquettes qui contiennent chacune 25 personnes ?
16. J'achète 30 000 kilogr. de fumier au prix de 10 francs les 1000 kilogr. : je donne en payement 40 quintaux * de betteraves à 1 fr. 95 l'un : avec quelle somme finirai-je d'acquitter ma dette ?

---

1. **Énoncez : 23** ***multiplié par*** **57** ***égale*** **1311.**

Problème raisonné.

Un colonel a fait distribuer 90 cartouches à chacun de ses soldats. Son régiment se compose de 4 bataillons de 560 hommes. Quel est le nombre des cartouches distribuées?

Cherchons combien le régiment contient d'hommes.

Si un bataillon se compose de 560 hommes,

4 bataillons se composeront de 4 fois 560 hommes

ou 560 × 4 = 2240 hommes.

Si chaque homme reçoit 90 cartouches,

2240 hommes recevront 2240 fois 90 cartouches,

c'est-à-dire 90[cart.] × 2240 = 201 600 cartouches.

Réponse : 201 600 cartouches.

Problèmes sur la multiplication (suite).

Apprenez la table de multiplication par 9.

17. Une batterie* d'artillerie tire 95 coups de canon à l'heure; combien en tirera-t-elle en 6 heures?

18. Une main de papier contient 25 feuilles, et une rame contient 20 mains; combien une rame contient-elle de feuilles?

19. On compte dans un arsenal* 85 piles de boulets, chaque pile en contient 6472; combien y a-t-il de boulets dans cet arsenal?

20. Un entrepreneur* emploie 125 ouvriers dont les journées sont payées 3 fr.; quelle somme lui faudra-t-il pour payer les journées d'une semaine?

21. Six ouvriers travaillant 9 heures par jour ont mis 15 jours à faire un ouvrage; combien ont-ils employé d'heures?

22. Un pont est composé de 5 arches de 38 mètres de largeur, y compris la largeur des piles; quelle est la longueur du pont?

23. L'eau pèse 4 fois plus que le liège*, et le plomb pèse 11 fois plus que l'eau; combien le plomb pèse-t-il de fois plus que le liège?

24. 6 ouvriers ont mis 8 jours pour faire un ouvrage; combien un ouvrier mettrait-il de temps pour faire le même ouvrage?

25. Combien y a-t-il de plumes dans une grosse de 12 douzaines?

26. Le rayon* de la terre est de 6366 kilomètres, et la distance de la lune à la terre est égale à 60 fois le rayon terrestre; quelle est la distance en mètres de la lune à la terre?

27. Quel est le prix de 95 hectares de terrain à 918 francs l'hectare?

28. La lumière parcourt 77000 lieues par seconde; quelle distance parcourt-elle en 8 minutes 13 secondes?

Problème raisonné.

Un livre contient 324 pages ; chaque page contient 48 lignes, chaque ligne contient 42 lettres. Combien ce livre contient-il de lettres?

Cherchons combien le livre contient de lignes.

Si une page contient 48 lignes,

324 pages en contiendront 324 plus

ou $48 \times 324 = 15\,552$ lignes.

Si chaque ligne contient 42 lettres,

15 552 lignes en contiendront 15 552 fois plus

ou $42^{\text{lettres}} \times 15\,552 = 653\,184^{\text{lettres}}$.

Réponse : 653 184 lettres.

Problèmes sur la multiplication (suite).

Apprenez la table de multiplication par 10.

29. Combien y a-t-il de minutes dans une année?

30. Une fontaine fournit 18 litres d'eau par minute. Combien fournira-t-elle de litres en un jour de 24 heures?

31. Le son parcourt 340 mètres par seconde. A quelle distance est-on du centre d'un orage, si on entend le bruit du tonnerre 7 secondes après l'éclair?

32. Il y a 52 semaines et un jour dans une année commune ; la semaine est de 7 jours ; combien y a-t-il de jours dans l'année?

33. Une bibliothèque se compose de 8 salles qui contiennent chacune 60 rayons ; chaque rayon contient 75 volumes. Quel est le nombre des volumes de cette bibliothèque?

34. Une machine fait faire 45 tours par seconde à une roue. Combien de tours fera cette roue en 6 heures 21 minutes et 18 secondes?

35. Combien coûteront 56 pièces d'étoffe contenant chacune 85 mètres à 7 francs le mètre?

36. Toutes les circonférences se divisent en 360 degrés, chaque degré en 60 minutes, chaque minute en 60 secondes ; combien y a-t-il de secondes dans une circonférence?

37. Une roue fait 18 tours par seconde ; combien fera-t-elle de tours en 2 heures 54 minutes 31 secondes?

38. Un berger propose de vendre ses 15 moutons aux conditions suivantes : 1 franc le premier mouton, 2 francs le deuxième, 4 francs le troisième, 8 francs le quatrième, et ainsi de suite en doublant toujours le prix jusqu'au quinzième. A quelle somme s'élèverait le prix de ses 15 moutons?

Problèmes sur la multiplication (suite).

39. Un litre d'eau pèse un kilogr. ; quel est le poids de 2 litres? de 5 litres? de 75 litres? d'un demi-litre? d'un double litre? d'un demi-décalitre? du double décalitre?

40. Ma mère a dans son tiroir 3 pièces de 1 franc, 4 pièces de 2 francs et 11 pièces de 5 francs : quelle est la valeur de toutes ces pièces réunies?

41. Le vieil Anselme sème 60 litres de sarrasin par hectare: combien lui en faut-il de litres pour ensemencer 3 hectares? Un litre de sarrasin contient 25000 grains : combien sèmera-t-il de grains?

42. La mère Anne confectionne 80 fagots de bois par jour : combien aura-t-elle de fagots après 27 jours de travail? Combien lui devra-t on si on la paye à raison de 0 fr. 03 par fagot?

43. J'ai vendu 4 litres de lait à raison de 0 fr. 15 l'un, 14 fromages moyennant 0 fr. 20 chacun et 7 litres de vin à raison de 0 fr. 40 le litre : combien dois-je recevoir?

44. Dans une pépinière il y a 39 rangées de 67 arbres chacune. Combien y a-t-il d'arbres en tout? Combien valent-ils à raison de 0 fr. 60 pièce?

45. Une maison a 12 croisées de chacune 8 carreaux. Combien y a-t-il de carreaux? Combien a reçu le vitrier qui les a posés, à raison de 0 fr. 65 pièce.

46. Un bœuf doit recevoir 5 kilogr. de foin par chaque 100 kilogr. de son poids brut : combien doit-on distribuer de foin à 8 bœufs pesant 450 kilogr. chacun?

47. La râpure de corne coûte 0 fr. 18 le kilogr. : que coûtera la fumure d'un hectare, s'il en faut 834 kilogr.?

48. Pauline a acheté deux paires de bas à 2 fr. 25 la paire, et 3 paires à 1 fr. 75 : elle a mis une pièce de 20 fr. sur le comptoir : combien doit-on lui rendre?

60. Exercice de théorie.

Répondez de vive voix ou par écrit aux questions suivantes :

1. Qu'est-ce que la multiplication?
2. Comment appelle-t-on le résultat de la multiplication?
3. Comment opère-t-on lorsque le multiplicateur n'a qu'un chiffre?
4. — lorsque le multiplicateur a plusieurs chiffres?
5. — lorsque le multiplicateur a des zéros intercalés?
6. — lorsque les deux facteurs sont terminés par des zéros?
7. Comment s'effectue la multiplication des nombres décimaux?
8. Comment fait-on pour multiplier un nombre entier ou décimal par 10, par 100, par 1000?
9. Quelles sont les deux preuves de la multiplication?

Exercices préparatoires sur le système métrique.

61. Du gramme.

Répondez de vive voix ou par écrit aux questions suivantes :

1. Quel nom donne-t-on aux centaines de grammes?
2. Que signifie le mot hecto?
3. A quel rang place-t-on les hectogrammes?
4. Pourquoi au troisième rang?
5. Combien l'hectogramme vaut-il de décagrammes?
6. Combien vaut-il de grammes?
7. Combien valent de décagrammes 1, 2, 3, 4, 5, 6, 7, 8, 9, hectogrammes?

62. Du franc.

1. En combien de parties égales divise-t-on le décime?
2. Comment s'appelle chaque partie?
3. A quel rang place-t-on les centimes?
4. Combien y en a-t-il dans un franc?
5. Combien y en a-t-il dans un décime?

63. Du litre.

1. En combien de parties égales divise-t-on le litre?
2. Quel nom donne-t-on à chaque partie du litre?
3. Combien faut-il de décilitres pour faire un demi-litre?
4. A quel rang place-t-on les décilitres?
5. Comment les sépare-t-on des litres?
6. Combien faut-il de décilitres pour faire 2, 4, 6, 8 litres?
7. Dans 9, 7, 4, 3, 2 litres, combien y a-t-il de décilitres?

64. Exercice de révision sur la numération.

1. Si dans un nombre le chiffre 3 occupe le troisième rang, que représente-t-il?
2. Un nombre se compose de dizaines et d'unités : combien a-t-il de chiffres?
3. Quelle est l'unité immédiatement inférieure aux dizaines?
4. Quelle sont les plus fortes unités d'un nombre de 4 chiffres?
5. Si l'on ajoute deux zéros sur la droite de 9, que représentera ce chiffre?
6. Que représente l'unité suivie de quatre zéros?
7. Combien faut-il de zéros à la droite de l'unité pour former un million?
8. L'unité suivie de deux zéros représente cent : que représentera l'unité, si l'on ajoute trois zéros à la droite de ce nombre?
9. Que représente le chiffre placé à droite des dizaines? Que représente celui qui est placé à gauche?
10. Combien faut-il de mille pour faire un million?

CHAPITRE V.

DIVISION.

[Le signe de la *division* est :, prononcez : *divisé par.*]

107. — La **division** est une opération qui a pour but de chercher combien de fois un nombre appelé **dividende** contient un autre nombre appelé **diviseur.**

108. — Le résultat de la division se nomme **quotient.**

EXEMPLE. — Soit à diviser 32 par 4 :

Je dis : en 32 combien de fois 4? il y est 8 fois. Je fais une *division.*

Dividende.... 32	4 Diviseur.
	8 Quotient.

32 est le dividende, 4 est le diviseur, 8 est le quotient.

65. Problèmes oraux.

Résolvez de vive voix les problèmes suivants :

1. Deux soldats ont reçu 16 fr. qu'ils veulent se partager. Quelle sera la part de chaque soldat?
2. Combien 18 sabots font-ils de paires de sabots?
3. Partagez 36 pommes entre 4 enfants.
4. Pour 15 fr. on a eu 5 mètres de drap. Que coûte le mètre?
5. Partagez 36 noix entre 6 enfants.
6. On a dépensé 12 fr. pour une douzaine de mouchoirs. Que coûte le mouchoir?
7. 9 enfants ont 27 pruneaux à se partager. Combien chacun d'eux en aura-t-il?
8. Partagez 40 centimes entre 8 enfants.
9. Partagez 54 fr. entre 9 personnes.
10. 3 mètres de drap coûtent 30 fr. Que coûte un mètre?
11. Pour 54 fr. on a eu 6 brebis. Que coûte la brebis?
12. 9 mètres d'étoffe ont coûté 63 fr. Que coûte un mètre?
13. Pour 72 fr. on a eu 8 stères de bois. Que vaut le stère?

---

107. Qu'est-ce que la division?
108. Comment se nomme le résultat de la division?

Division des petits nombres.

109. — Règle. Lorsqu'il s'agit de petits nombres, la division se fait **de tête**, au moyen de la table de multiplication.

66. Exercice oral.

Répondez sans hésitation aux questions suivantes :

En	18	combien de fois	2	En	12	combien de fois	6
En	24	—	3	En	21	—	3
En	28	—	4	En	30	—	10
En	48	—	6	En	36	—	6
En	35	—	5	En	45	—	5
En	54	—	9	En	27	—	9
En	56	—	8	En	14	—	2
En	64	—	8	En	32	—	8
En	63	—	9	En	45	—	9
En	16	—	8	En	40	—	4
En	21	—	7	En	8	—	2
En	32	—	4	En	15	—	3
En	40	—	5	En	35	—	7
En	42	—	6	En	28	—	7
En	49	—	7	En	72	—	9
En	72	—	8	En	63	—	7
En	81	—	9	En	40	—	10

67. Même exercice.

En	56	combien de fois	7	En	24	combien de fois	6
En	18	—	9	En	28	—	4
En	14	—	2	En	32	—	8
En	80	—	8	En	30	—	3
En	50	—	5	En	64	—	8
En	36	—	4	En	81	—	9
En	9	—	3	En	48	—	6
En	28	—	7	En	15	—	5
En	70	—	10	En	20	—	10
En	60	—	6	En	16	—	4
En	32	—	4	En	63	—	9
En	21	—	7	En	49	—	7
En	45	—	9	En	36	—	9
En	35	—	5	En	50	—	10
En	14	—	7	En	72	—	8
En	42	—	6	En	54	—	6
En	27	—	3	En	63	—	7
En	88	—	8	En	28	—	14
En	54	—	9	En	90	—	10
En	70	—	7	En	56	—	8

109. Comment se fait la division lorsqu'il s'agit de petits nombres ?

Comment on fait une division.

110. — Règle générale. En général, pour faire une division, il faut faire successivement les **quatre** opérations suivantes : *diviser*, *multiplier*, ***soustraire***, *abaisser un chiffre.*

Exemple. — Soit à diviser 54 par 3.

```
Dividende.... 5 4 | 3   Diviseur.
              3   |---
              --- | 18  Quotient.
              2 4
              2 4
              ---
              0 0  ....Reste.
```

Je dis : Puisque le premier chiffre 5 du dividende peut contenir le chiffre 3 du diviseur, je *prends* un chiffre au dividende.

1re série.
- *Diviser :* En 5 combien de fois 3? il y est 1 fois, je pose 1 au quotient.
- *Multiplier :* 1 fois 3 fait 3, je pose 3 sous le 5.
- *Soustraire :* 3 de 5, reste 2.
- *Abaisser :* J'abaisse le chiffre suivant 4.

2e série.
- *Diviser :* En 24, combien de fois 3? il y est 8 fois, je pose 8 au quotient.
- *Multiplier :* 8 fois 3 font 24, je pose 24 sous 24.
- *Soustraire :* 4 de 4 reste 0; 2 de 2, reste 0.

Remarque. Lorsque le premier chiffre du dividende ne peut pas contenir le chiffre du diviseur, on prend *deux* chiffres au dividende.

---

68. Exercice écrit.

Effectuez les divisions suivantes :

1.	542	par 2	9.	41095	par 5	17.	1280349	par 7
2.	7068	— 4	10.	144792	— 6	18.	42736	— 8
3.	555	— 5	11.	33872	— 8	19.	128277	— 9
4.	369	— 3	12.	7532216	— 8	20	235548	— 9
5.	524	— 4	13.	595924	— 7	21.	6706208	— 8
6.	8130	— 5	14.	314610	— 6	22.	8547	— 7
7.	372	— 3	15.	36425	— 5	23.	14924	— 7
8.	72246	— 6	16.	6813968	— 8	24.	376425	— 9

---

110. Quelle est la règle générale de la division?

Le diviseur a deux chiffres.

111. — Règle. Lorsque le diviseur a *deux* chiffres, on sépare sur la gauche du dividende autant de chiffres qu'il en faut pour contenir le diviseur, et l'on répète les **quatre** opérations jusqu'à ce qu'on ait abaissé *tous* les chiffres du dividende.

EXEMPLE. — Soit à diviser 864 par 32.

```
Dividende.... 864 | 32 Diviseur.
              64  | 27 Quotient.
              ---
              224
              224
              ---
              000  ....Reste.
```

Puisque les deux premiers chiffres du dividende font un nombre plus fort que les deux chiffres du diviseur, je prends deux chiffres au dividende.

Diviser : En 86, combien de fois 32? ou plus facilement, en *négligeant* de part et d'autre un chiffre à droite, en 8 combien de fois 3? il y est 2 fois, je pose 2 au quotient.

Multiplier : Je multiplie 32 par 2, soit 64.

Soustraire : Je soustrais 64 de 86, il reste 22.

Abaisser : J'abaisse le chiffre suivant 4, et ainsi de suite.

REMARQUE. Lorsque les deux premiers chiffres du dividende ne peuvent pas contenir les deux chiffres du diviseur, on prend *trois* chiffres au dividende.

---

69. Exercice écrit.

Effectuez les divisions suivantes :

1.	276 par 12	8.	861 par 41
2.	308 — 14	9.	98 — 14
3.	4452 — 21	10.	444 — 12
4.	5625 — 25	11.	960 — 64
5.	6784 — 32	12.	8832 — 24
6.	7260 — 55	13.	540 — 36
7.	8241 — 67	14.	504 — 18

15.	6750 par 25
16.	805 — 23
17.	8001 — 63
18.	988 — 76
19.	9408 — 84
20.	9844 — 92
21.	5461 — 43

---

111. Comment fait-on lorsque le diviseur a deux chiffres?

Le diviseur a plusieurs chiffres.

112. — **Règle.** Lorsque le diviseur a *plusieurs* chiffres, on sépare, comme précédemment, sur la gauche du dividende *autant de chiffres* qu'il en faut pour contenir le diviseur, et l'on opère comme à l'ordinaire.

Exemple. — Soit à diviser 12 540 par 132.

```
Dividende.... 12540 | 132  Diviseur.
              1188  | 95   Quotient.
              ----
               660
               660
               ---
               000 ....... Reste.
```

Puisque les trois premiers chiffres du dividende font un nombre plus faible que les trois chiffres du diviseur, je prends *quatre* chiffres au dividende.

Diviser : En 1254 combien de fois 132? ou plus facilement, en *négligeant* deux chiffres de droite, en 12 combien de fois 1? il y est 9 fois.

Je multiplie, je soustrais, j'abaisse un chiffre, et ainsi de suite.

Remarque. A nombre égal de chiffres, lorsque le nombre formé par les premiers chiffres du dividende est plus faible que le diviseur, on prend *un chiffre de plus* au dividende.

---

70. Exercice.

Effectuez les divisions suivantes:

1.	7608	par	108	8.	952	par	136	15.	11948	par	116
2.	8446	—	213	9.	33495	—	231	16.	47775	—	325
3.	68355	—	315	10.	4096	—	256	17.	9177	—	437
4.	96927	—	417	11.	39890	—	346	18.	990	—	198
5.	48970	—	415	12.	6564	—	547	19.	51348	—	389
6.	6853	—	623	13.	99666	—	882	20.	65322	—	573
7.	9408	—	784	14.	99687	—	987	21.	8934	—	236

---

112. Que fait-on lorsque le diviseur a plusieurs chiffres?

Règle des chiffres négligés.

113. — On a vu que, pour plus de facilité, lorsqu'on cherche le chiffre du quotient, on *néglige* un, deux, ou trois chiffres sur la droite du dividende et du diviseur.

114. — **Règle.** Le nombre des chiffres négligés sur la droite du dividende et du diviseur **doit être égal** de part et d'autre.

Exemple. — Soit à diviser 4857923 par 78257.

Séparant six chiffres au dividende, je dis :

en 485792 combien de fois 78257?

ou, plus facilement, en négligeant *quatre* chiffres de droite de part et d'autre :

en 48 combien de fois 7?

La division donne un reste.

115. — Lorsque le dividende contient le diviseur un nombre *exact* de fois, on trouve **zéro** pour reste.

Mais lorsque le dividende ne contient pas le diviseur un nombre exact de fois, en trouve un **reste** autre que *zéro*.

116. — **Règle.** Dans ce cas, le reste doit toujours être **plus petit** que le diviseur.

Exemple. — Soit à diviser 4895 par 548.

Dividende....	4895	548	Diviseur.
	4384	8	Quotient.
	511	......	Reste.

On trouve 8 au quotient et 511 pour reste.

---

113. Qu'a-t-on vu précédemment?
114. Quelle est la règle des chiffres négligés?
115. Quand trouve-t-on zéro pour reste? Quand trouve-t-on un reste autre que zéro?
116. Quelle est la règle à ce sujet?

Il faut mettre des zéros au quotient.

117. — Il arrive souvent que le dividende partiel, une fois le chiffre abaissé, est plus petit que le diviseur.

118. — **Règle.** Tant que le dividende partiel reste *plus petit* que le diviseur, on abaisse un chiffre du dividende total, et *pour chaque chiffre abaissé* on met **zéro** au quotient.

Exemple. — Soit à diviser 138368 par 46.

Dividende total..	138368	46	Diviseur.
	138	3008	Quotient.
Dividende partiel.	0368		
	368		
	000		

Puisque 13 est plus petit que 46, je sépare trois chiffres du dividende.

En opérant comme précédemment, je trouve 3 au quotient et 0 pour reste.

J'abaisse le chiffre suivant 3. En 3 combien de fois 46? il n'y est pas. *Je pose* **0** au quotient.

J'abaisse le chiffre suivant 6. En 36 combien de fois 46? il n'y est pas. Je pose un *deuxième* **0** au quotient.

J'abaisse le chiffre suivant 8 En 368 combien de fois 46? ou en 36 combien de fois 4? il y est 8 fois.

J'achève l'opération, qui donne 3008 au quotient.

---

71. Exercice écrit.

Effectuez les divisions suivantes :

1.	128375	par	42	9.	67035	par	327
2.	191835	—	315	10.	379942290	—	46391
3.	26406762	—	6458	11.	72126	—	18
4.	45360315	—	43407	12.	2266524	—	754
5.	89316	—	827	13.	21581245	—	415
6.	699552	—	1388	14.	37333	—	37
7.	2241204	—	28	15.	329943	—	327
8.	892446	—	446	16.	3023020	—	604

---

117. Qu'arrive-t-il souvent au dividende ?

118. Quelle est la règle dans ce cas?

Division abrégée.

119. — Règle. Dans la pratique, pour **abréger** les calculs, on soustrait *à mesure qu'on multiplie.*

Exemple. — Soit à diviser 24961 par 137.

```
24961 | 137
      |-----
1126  | 182
 0301
  027
```

Diviser : En 249 combien de fois 137? ou en 24 combien de fois 13? il y est 1 fois.

Multiplier et soustraire : 1 fois 7, de **9**, reste 2; 1 fois 3, de **4**, reste 1; 1 fois 1, de **2**, reste 1.

Abaisser un chiffre : J'abaisse le chiffre suivant 6.

Diviser : En 1126, combien de fois 137? ou en 112 combien de fois 13? il y est 8 fois.

Multiplier et soustraire : 8 fois 7, 56, de **56** reste 0, et je retiens 5; 8 fois 3, 24, et 5, 29, de **32**, reste 3, et je retiens 3; 8 fois 1, 8, et 3, 11, de **11** reste 0.

Abaisser un chiffre : J'abaisse le chiffre suivant 1.

Diviser : En 301 combien de fois 137? Ou en 30 combien de fois 13? il y est 2 fois.

Multiplier et soustraire : 2 fois 7, 14, de **21** reste 7, et je retiens 2; 2 fois 3, 6, et 2, 8, de **10**, reste 2, et je retiens 1; 2 fois 1, 2, et 1, 3, de **3**, reste 0.

La division donne 182 pour quotient et 27 pour reste.

72. Exercice écrit.

Effectuez les divisions suivantes :

1.	1567	par	38	7.	783708	par	6123
2.	214069	—	253	8.	79126	—	194
3.	96137	—	109	9.	3509	—	48
4.	736	—	17	10.	17342	—	763
5.	87147	—	96	11.	8438956	—	1892
6.	173509	—	4582	12.	19437	—	25

119. Quelle est la règle de la division abrégée?

Quotient évalué en décimales.

120. — Lorsque la division donne un **reste**, comme dans le cas précédent, il arrive souvent qu'il est utile, pour plus d'exactitude, de continuer l'opération jusqu'aux dixièmes, aux centièmes, etc.; c'est ce qu'on appelle *évaluer un quotient en décimales.*

121. — **Règle**. Pour obtenir un quotient évalué en décimales, tous les chiffres du dividende étant abaissés, on met une *virgule* à la droite du **quotient**, un *zéro* à la droite du **reste,** et l'on continue la division aussi loin qu'il est utile.

Exemple. — Soit à diviser 3471 par 36 à un centième près.

Division simple.		Division à 1 centième près.	
3471	36	3471	36
231	96	231	96,41
15		150	
		60	
		24	

Quotient : 96.
Reste : 15.

Dixièmes : Je mets une *virgule* à la droite du *quotient*, 96 et un *zéro* à la droite du *reste* 15, soit 150.

En 150 combien de fois 36?

J'obtiens 4 dixièmes au quotient et 6 pour reste.

Centièmes : Je mets encore 0 à la droite du 6, soit 60.

En 60 combien de fois 36?

J'obtiens 1 centième au quotient et 24 pour reste.

---

73. Exercice écrit.

Effectuez les divisions suivantes :

à 0,1 près :	à 0,01 près :	à 0,001 près :
1. 34652 par 324	4. 56782 par 54	7. 268357 par 239
2. 834970 — 245	5. 28930 — 862	8. 56723 — 24
3. 423879 — 43	6. 13457 — 34	9. 980542 — 345

---

120. Qu'arrive-t-il lorsque la division donne un reste?

121. Quelle est la règle pour obtenir un quotient évalué en décimales?

Dividende est plus petit que le diviseur.

122. — Règle. Lorsque le dividende est **plus petit** que le diviseur, on met alternativement des **zéros** au quotient et au dividende, jusqu'à ce que celui-ci soit plus fort que le diviseur.

Cela fait, on opère comme dans le cas précédent.

EXEMPLE. — Soit à diviser 8 par 245.

```
800   | 245
      |--------
0650  | 0,0326
 1600
  130
```

Je dis : En 8 combien de fois 245? Il n'y est pas. Je pose 0 unité et une virgule au quotient.

Mettant un zéro à la droite du 8, soit 80, je dis : En 80 combien de fois 245? Il n'y est pas. Je pose 0 dixième au quotient.

Mettant un zéro à la droite de 80, soit 800, je dis : En 800 combien de fois 245? Il y est 3 fois. Je pose 3 aux centièmes du quotient et j'effectue comme à l'ordinaire.

Si je veux pousser au delà des centièmes, je mets un zéro à la droite de 65, et ainsi de suite.

---

74. Exercice écrit.

Effectuez les opérations suivantes :

1.	27	par	4941	13.	3	par	141
2.	9	—	213	14.	31	—	804
3.	315	—	69 367	15.	8	—	14 365
4.	28	—	5 607	16.	8	—	651 842
5.	307	—	75 215	17.	23	—	1 380
6.	126	—	8 568	18.	11	—	605
7.	109	—	10 573	19.	17	—	731
8.	54	—	432	20.	135	—	2 430
9.	32	—	4 000	21.	365	—	10 585
10.	3	—	527	22.	8	—	653
11.	8	—	29	23.	91	—	329
12.	52	—	374	24.	2	—	3 457

---

122. Comment opère-t-on lorsque le dividende est plus petit que le diviseur ?

DIVISION DES NOMBRES DÉCIMAUX.

Le dividende seul est un nombre décimal.

122*. — Règle. Lorsque le *dividende seul* est un nombre décimal, on opère comme sur les nombres entiers, mais on a soin de placer une *virgule* au **quotient**, dès qu'on arrive à la virgule du dividende.

PREMIER EXEMPLE. — Soit à diviser 2572,32 par 8.

```
2572,32 | 8
 17     |--------
  12    | 321,54
   43
    32
     0
```

Avant d'abaisser le chiffre **3** des dixièmes, j'ai mis une virgule au quotient.

DEUXIÈME EXEMPLE. — Soit à diviser 0,544 par 8.

```
0,544 | 8
   64 |------
    0 | 0,068
```

Je dis : En 0 combien de fois 8 ? Il n'y est pas. Je pose 0 unité, et une virgule au quotient.
En 5 combien de fois 8 ? Il n'y est pas. Je pose 0 dixième au quotient.
En 54 combien de fois 8 ? Il y est 6 fois. Je pose 6 au quotient et j'achève l'opération.

74*. Exercice écrit.

Effectuez les divisions suivantes :

1.	37,689	par	3	11.	0,848	par	8
2.	21,329	—	7	12.	0,98874	—	9
3.	80,64	—	24	13.	1,526	—	7
4.	528,56	—	132	14.	38,9088	—	42
5.	18,54	—	6	15.	32,832	—	57
6.	43810,58	—	4237	16.	85,7964	—	106
7.	117,248	—	16	17.	240,8	—	344
8.	39,9912	—	38	18.	459,27	—	729
9.	488,2248	—	108	19.	0,654	—	6
10.	166,026	—	69	20.	9,5378	—	926

122*. Quelle est la règle lorsque le dividende seul est décimal ?

Le diviseur seul est un nombre décimal.

123. — **Règle.** Lorsque le *diviseur seul* est un nombre décimal, on **supprime** la virgule du diviseur, mais on ajoute sur la droite du dividende autant de **zéros** qu'il y a de **chiffres décimaux** au diviseur.

Cela fait, on opère comme sur des nombres entiers.

PREMIER EXEMPLE. — Soit à diviser 175 par 6,25.

En supprimant la virgule du diviseur 6,25, je fais disparaître les *deux* décimales, soit

625.

Par compensation, j'ajoute *deux* zéros au dividende, soit

17500.

Diviser 175 par 6,25 revient donc à diviser 17500 par 625, sur lesquels j'opère comme sur les nombres entiers.

DEUXIÈME EXEMPLE. — Soit à diviser 245 par 0,0005.

Je fais disparaître les *quatre* décimales du diviseur, soit

5.

Par compensation, j'ajoute *quatre* zéros au dividende, soit

2450000.

---

75. Exercice écrit.

Effectuez les divisions suivantes :

1.	13	par	0,65	13.	41	par	2,5625
2.	11	—	1,375	14.	317	—	0,5072
3.	27	—	0,925	15.	83	—	2,59375
4.	219	—	1,752	16.	59	—	0,921875
5.	5430	—	9,61	17.	1488	—	37,2
6.	9420	—	6,23	18.	172	—	2,5
7.	709 00	—	7,54	19.	13318	—	15,8
8.	1547	—	0,073	20.	73745	—	21,07
9.	3588	—	3,45	21.	437632	—	83,254
10.	20553	—	5,27	22.	603	—	0,19
11.	4139	—	27,8	23.	7164	—	3,28
12.	38019	—	0,095	24.	36847	—	9,4

---

123. Quelle est la règle lorsque le diviseur seul est décimal?

Le dividende et le diviseur sont tous deux décimaux.

124 — **Règle.** Quand le dividende et le diviseur sont *tous deux* des nombres décimaux, on **supprime** la virgule du diviseur, mais on avance la virgule du dividende d'autant de **rangs** vers la droite qu'il y a de **chiffres décimaux** au diviseur.

PREMIER EXEMPLE. — Soit à diviser 28,9336 par 6,752.

En supprimant la virgule du diviseur, je fais disparaître les *trois* décimales, soit

6752.

Par compensation, j'avance la virgule du dividende de *trois* rangs vers la droite, soit

28933,6.

Diviser 28,9336 par 6,752 revient donc à diviser 28933,6 par 6752, sur lesquels on opère comme au nº 122*.

DEUXIÈME EXEMPLE. — Soit à diviser 5,8 par 3,416.

En supprimant la virgule du diviseur, je fais disparaître les *trois* décimales , soit

3416.

Par compensation, j'avance la virgule du dividende de *trois* rangs vers la droite. Mais comme le dividende 5,8 n'a qu'*un* chiffre décimal, je complète les trois rangs par *deux* zéros, soit

5800.

---

76. Exercice.

Effectuez les divisions suivantes :

1.	24,44	par	4,7	13.	3,9882	par	0,51
2.	28,25	—	3,9	14.	2,62613	—	0,409
3.	354,432	—	9,23	15.	0,55245	—	0,063
4.	26,52	—	1,7	16.	48,345	—	0,25
5.	4,54	—	0,2	17.	1501,3	—	2,4
6.	15,232	—	5,12	18.	106,07	—	20,846
7.	175,27	—	12,184	19.	44,42	—	7,4
8.	524,599	—	13,08	20.	52,82	—	19,3
9.	250,86	—	0,678	21.	243,542	—	3,92
10.	922,482	—	29,7	22.	1825,2	—	187,639
11.	12,863	—	9,03	23.	5,00752	—	4,315
12.	11,09	—	0,017	24.	519,28617	—	29,86327

---

124. Quelle est la règle quand le dividende et le diviseur sont tous deux des nombres décimaux?

Comment on divise un nombre par 10, 100, 1000.

Le nombre est terminé par des zéros.

125. — **Règle**. Pour diviser par 10, 100, 1000 un nombre terminé par des zéros, on supprime 1, 2, 3 zéros sur la droite.

Ainsi	4000	divisé par	10	égale	400
	4000	—	100	—	40
	4000	—	1000	—	4

Nombre quelconque.

126. — **Règle**. Pour diviser un nombre quelconque par 10, 100, 1000, on sépare par une virgule 1, 2, 3 chiffres sur la droite.

Ainsi	4542	divisé par	10	égale	454,2
	4542	—	100	—	45,42
	4542	—	1000	—	4,542

Nombre décimal.

127. — **Règle**. Pour diviser par 10, 100, 1000 un nombre décimal, on avance la virgule de 1, 2, 3 rangs vers la gauche.

Ainsi	4,25	divisé par	10	égale	0,425
	4,25	—	100	—	0,0425
	4,25	—	1000	—	0,00425

Remarque. — On voit que lorsque le nombre décimal n'a pas assez de chiffres, on y supplée par des *zéros*.

---

77. Exercice écrit.

1. Divisez par 1000 les nombres suivants :

12	1728	927	17389	856	738
496	5635	51014	112	17	196

2. Divisez par 100 les nombres décimaux suivants :

23,45	214.5	8703,28	1205,7009	7120 24	35,653
119,872	55,653	1512,514	316 36	157,25118	0,0471

3. Divisez par 1000 les nombres décimaux suivants :

5,17	0,107	0,19	137,00054	86,006	514.736
14,381	9,88	2,75	49,51	0,214	0.4470

125, 126, 127. Comment divise-t-on un nombre par 10, 100, 1000

Preuve de la division.

128. — Pour faire la preuve de la division, on multiplie le diviseur par le quotient : si l'opération est exacte, le produit est égal au dividende.

S'il y a un reste, on l'ajoute au produit.

PREMIER EXEMPLE.

Division.		Preuve.	
3612	43	84	quotient
172	84	43	diviseur
00		252	
		336	
		3612	dividende

DEUXIÈME EXEMPLE.

Division.		Preuve.	
542	35	35	diviseur
192	15	15	quotient
17		175	
		35	
		525	
		17	reste
		542	dividende

78. Exercice oral.

Repondez de vive voix aux questions suivantes :

1. Soit à diviser 42 578 par 969, combien prendrez-vous de chiffres au dividende ?
2. Pourquoi?
3. Combien négligerez-vous de chiffres à droite?
4. Soit à diviser 2 579 352 par 35 784, combien prendrez-vous de chiffres au dividende ?
5. Pourquoi prenez-vous un chiffre de plus au dividende qu'au diviseur ?
6. Combien négligerez-vous de chiffres à droite ?
7. Qu'est-ce que la division?
8. Quelles sont les quatre opérations que comporte une division?
9. Que fait-on lorsqu'on veut évaluer un quotient en décimales?

79. Exercice écrit.

Répondez par écrit aux questions suivantes :

1. Comment divise-t-on par 10 un nombre terminé par un zéro ?
2. Comment divise-t-on par 1000 un nombre ordinaire ?
3. Comment divise-t-on par 100 un nombre décimal?
4. Comment s'appelle le résultat de la division?
5. Comment fait-on la preuve d'une division?

---

128. Comment fait-on la preuve de la division ?

Problème raisonné.

On a payé 391 fr. pour 23 mètres d'étoffe. Quel est le prix du mètre?

Si 23 mètres d'étoffe coûtent 391 francs,
1 mètre d'étoffe coûtera 23 fois moins,
c'est-à-dire $391^f : 23 = 17$ francs [1].

Problèmes sur la division.

Résolvez par écrit les problèmes suivants :

1. 43 kilog. de marchandise ont coûté 688 fr. Quel est le prix d'un kilog. ?
2. Cinq personnes se sont associées et ont fait un gain de 4285 fr. Quelle est la part de chacune ?
3. Un entrepreneur * a distribué 1608 fr. entre un certain nombre d'ouvriers qui ont reçu 24 fr. chacun. Quel est le nombre de ces ouvriers?
4. Un ouvrier fait 4 mètres d'un ouvrage par jour. Quel temps lui faudra-t-il pour en faire 652 mètres?
5. Un cordier a 8 jours pour faire 2176 mètres de corde. Combien doit-il en faire en un jour?
6. Un corps d'armée a une distance de 245 kilomètres à parcourir en 7 jours. Quel chemin doit-il faire en un jour ?
7. La circonférence est partagée en 360 degrés. Combien y a-t-il de degrés dans une demi-circonférence, et dans un quart de circonférence?
8. Combien aura-t-on de volumes pour 111 fr., à 3 fr. le volume ?
9. Un train de chemin de fer parcourt 405 kilom. en 9 heures. Combien fait-il de kilomètres par heure?
10. Une pièce de drap de 36 mètres a coûté 684 fr. Quel est le prix du mètre ?
11. Combien de jours a travaillé un ouvrier qui a reçu 72 fr., à raison de 3 fr. par jour ?
12. Un ouvrier gagne 4 fr. par jour. Combien lui faudra-t-il de jours pour gagner 380 fr.?
13. Combien faut-il de mois pour payer une somme de 132 fr., si l'on donne 12 fr. par mois?
14. Combien y a-t-il de jours dans 6752 heures?
15. Combien y a-t-il d'heures dans 415 800 minutes?
16. 12 personnes ont dépensé ensemble 336 fr. Quelle est la part de chacune dans cette dépense ?
17. Une rame de papier écolier de 500 feuilles contient 20 mains. Combien y a-t-il de feuilles dans la main ?
18. Une rame de papier à lettres a 480 feuilles, et il y a 6 feuilles dans un cahier. Combien la rame a-t-elle de cahiers?

---

1. Lisez : 391 *divisé par* 23 *égale* 17 francs.

Problème raisonné.

La distance de la terre au soleil est de 37 961 000 lieues. La lumière du soleil nous parvient en 8 minutes 13 secondes. Combien parcourt-elle de lieues par seconde?

Il convient de réduire d'abord les 8 minutes 13 secondes en secondes.

1 minute valant 60 secondes, les 8 minutes vaudront

$$60^{s} \times 8 = 480 \text{ secondes.}$$

480 secondes plus 13 secondes, font 493 secondes.

Si la lumière met 493 secondes à parcourir 37 961 000 lieues, en 1 seconde elle parcourra un espace 480 fois moindre,

soit 37 961 000 lieues : 493 = 77 000.

Problèmes sur la division (suite).

19. Un volume in-18 a 324 pages. Combien a-t-il de feuilles? On sait qu'une feuille in-18 contient 36 pages.

20. Combien mettrait-on de jours pour faire le tour de la terre, qui est de 40 000 kilom., si l'on pouvait aller toujours en droite ligne, et faire 25 kilom. par jour?

21. Un employé reçoit 1460 fr. d'appointements par an. Combien cela lui fait-il par jour?

22. La population de la France est de 36 905 988 habitants (recensement de 1876), sa superficie est de 528 572 kilomètres carrés. Combien y a-t il d habitants par kilomètre?

23. Cent kilogr. de blé rendent 75 kilogr. de farine. Quel est le rendement en farine d'un kilogr. de blé?

24. Le bon guano * est vendu 26 fr. les 100 kilogr., et il est d'usage d'en appliquer aux céréales 250 kilogr. par hectare, aux prairies 375 kilogr., et aux plantes racines 350 kilogr. A combien revient la fumure de chaque hectare?

25. Cent kilogr. de tourteau * de lin se vendent 21 fr. : quel est le prix du kilogr.? Combien coûtent 10 kilogr. de ce tourteau?

26. 1200 kilogr. de chiffons de laine suffisent pour la fumure d'un hectare, et sont vendus sur le pied de 17 fr. les 100 kilogr. : que coûte la fumure d'un hectare?

27. 4 agneaux ont coûté 50 fr.; on a gagné 6 fr. en les revendant: combien a-t-on vendu chaque agneau?

28. Une somme d'argent pèse 2 kilogr. : quelle est cette somme, sachant qu'une pièce de 1 f. pèse 5 grammes?

29. 3500 kilogr. de paille de seigle équivalent à 910 kilogr. de foin sec; quelle quantité de paille faut-il pour remplacer un kilogr. de foin?

CHAPITRE VI.

SYSTÈME MÉTRIQUE.

129. — Le **système métrique** est l'ensemble de toutes les unités de mesures usitées aujourd'hui en France.

130. — Ce système est appelé *métrique* parce que toutes les mesures dérivent du *mètre*[1].

Origine du mètre.

131. — Quand l'Assemblée Constituante (1791) a créé le *système métrique*, et qu'on a voulu donner une valeur au mètre, on a mesuré le *tour* de la terre, qui est ronde comme une boule, et on a divisé le *quart* de la longueur obtenue, ou, comme on dit, le quart du *méridien* de la terre (fig. 1) en dix millions de parties égales. Chacune de ces parties a été appelée un *mètre*.

Fig. 1. Le quart du méridien.

Ainsi, le **mètre** *est la dix-millionième partie du quart du méridien terrestre.*

132. — Depuis le 1er janvier 1840, l'emploi des mesures métriques est *obligatoire* par toute la France.

133. — **Loi.** *Quiconque se sert de poids faux ou de mesures fausses est traduit en police correctionnelle, et peut être puni d'une amende ou de l'emprisonnement.*

1. Voir page 108.

---

129. Qu'est-ce que le système métrique ?
130. Pourquoi l'appelle-t-on *métrique?*
131. Dites l'origine du mètre.
132, 133. Quelles sont les dispositions légales ?

Des unités de mesure.

134. — Le système métrique comprend **huit** unités principales, relatives aux longueurs, aux capacités, aux poids, aux monnaies, aux surfaces et aux volumes. Ce sont :

Le *mètre* (m)	pour les *longueurs.*
Le *litre* (l)	pour les *capacités.*
Le *gramme* (gr)	pour les *poids.*
Le *franc* (f)	pour les *monnaies.*
Le *mètre carré* (mq)[1]	pour les *surfaces.*
L'*are* (a)	pour les *surfaces des terrains.*
Le *mètre cube* (mc)	pour les *volumes.*
Le *stère* (st)	pour les *volumes des bois de chauffage.*

Multiples.

135. — On appelle *multiples* les unités qui sont dix, cent, mille, dix mille fois **plus grandes** que l'unité principale.

136. — Pour désigner les multiples on emploie quatre mots : *déca*, *hecto*, *kilo*, *myria.*

Déca,	en abrégé	D,	signifie	10
Hecto,	—	H,	—	100
Kilo,	—	K,	—	1000
Myria,	—	M,	—	10000

Sous-multiples.

137. — On appelle *sous-multiples* les unités qui sont dix, cent, mille fois **plus petites** que l'unité principale.

138. Pour désigner les sous-multiples on emploie trois mots : *déci*, *centi*, *milli.*

Déci,	en abrégé	d	signifie	dixième	0,1
Centi,	—	c	—	centième	0,01
Milli,	—	m	—	millième	0,001

1. *q* de *quarré*, ancienne orthographe de *carré.* Le *c* est réservé pour l'abréviation de *cube.*

---

134. Combien le système métrique comprend-il de mesures et quelles sont-elles ?
135. Qu'appelle-t-on multiples ?
136. Quels mots emploie-t-on pour désigner les multiples?
137. Qu'appelle-t-on sous-multiples?
138. Quels mots emploie-t-on pour désigner les sous-multiples?

MESURES DE LONGUEUR.

Du mètre.

139. — L'unité de longueur est le **mètre**

140. — Le *mètre* est la dix-millionième partie du quart du méridien terrestre.

141. — On se sert du mètre pour mesurer la longueur d'une étoffe, d'un mur, d'une pièce de bois, etc.

142. — Le mètre a généralement la forme d'une règle aplatie, en bois.

143. — On fabrique aussi des mètres *pliants* en bois et en cuivre (fig. 2) et des mètres *à ruban* (fig. 3).

Fig. 2. Mètre pliant.

Fig. 3. Mètre à ruban.

Multiples et sous-multiples.

144. — Les multiples du mètre sont :

Le décamètre (^{Dm}) qui vaut 10^{m}
L'hectomètre (^{Hm}) — 100^{m} ou 10^{Dm}
Le kilomètre (^{Km}) — 1000^{m} ou 10^{Hm} ou 100^{Dm}

145. — Les sous-multiples du mètre sont :

Le décimètre (^{dm}) qui vaut un dixième de mètre 0^{m},1
Le centimètre (^{cm}) — un centième — 0^{m},01
Le millimètre (^{mm}) — un millième — 0^{m},001

146. — En conséquence le mètre vaut **10** décimètres (fig. 4), ou **100** centimètres, ou **1000** millimètres.

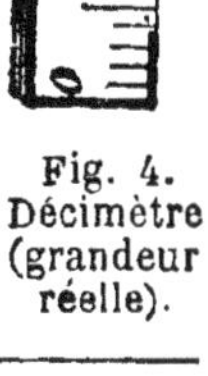

Fig. 4. Décimètre (grandeur réelle).

139. Quelle est l'unité de longueur?
140. Qu'est-ce que le mètre ?
141. Quel est l'emploi du mètre?
142, 143. Quelles sont les formes du mètre?
144. Quels sont les multiples du mètre ?
145. Quels sont les sous-multiples du mètre?
146. Que vaut le mètre?

Comment on lit un nombre de mètres.

147. — Règle. Quand l'unité d'un nombre est le *mètre*, le premier chiffre décimal représente les décimètres, le deuxième les centimètres, le troisième les millimètres.

Ainsi :	$5^{m},2$ s'énoncent	5 mètres	2	décimètres.
	$5^{m},25$ —	5 —	25	centimètres.
	$5^{m},275$ —	5 —	275	millimètres.

Conversion des unités de longueur.

148. — Pour *convertir* des unités de longueur d'un certain ordre en unités de longueur d'un autre ordre, il suffit de multiplier ou de diviser le nombre donné par 10, par 100, par 1000, etc., d'après les règles déjà connues[1].

Ainsi : $63^{m} = 630^{dm}$ ou 6300^{cm} ou 63000^{mm}
$62514^{m} = 6251^{Dm},4$, ou $625^{Hm},14$, ou $62^{Km},514$

---

80. Exercice oral.

Lisez les nombres suivants et faites-en la somme en décamètres :

$24^{m},3$	$50^{m},12$	$73^{m},456$	$7^{m},03$
$17^{m},1$	$39^{m},04$	$28^{m},085$	$8^{m},452$
$0^{m},9$	$10^{m},20$	$54^{m},003$	$3^{m},204$
$130^{m},8$	$49^{m},07$	$93^{m},504$	$0^{m},534$
$800^{m},5$	$205^{m},01$	$127^{m},600$	$0^{m},052$

81. Exercice de conversion.

1. Convertir 5427 mètres en kilomètres, en hectomètres, en décamètres, en décimètres, en centimètres et en millimètres.

2. Convertir 6853 millimètres en centimètres et en mètres.

3. Convertir $49^{m},7$ en décamètres, en hectomètres, en kilomètres, en décimètres, en centimètres et en millimètres.

4. Convertir 12 kilomètres en hectomètres, en décamètres, en mètres et en décimètres.

5. Convertir 32 457 mètres en kilomètres et en décamètres.

6. Convertir 1230 centimètres en mètres.

1. Voir pages 55 et 75.

---

147. Que représentent les chiffres décimaux quand l'unité est le mètre ?

148. Que fait-on pour convertir les unités de longueur ?

Du kilomètre.

149. — Pour évaluer la distance d'une ville à une autre, on prend le **kilomètre** pour unité de mesure.

150. — Sur les grandes routes, chaque kilomètre est indiqué par une *borne* dite *kilométrique*.

151. — Entre deux bornes kilométriques sont échelonnées neuf petites bornes qui indiquent les *dix* hectomètres intermédiaires.

Comment on lit un nombre de kilomètres.

152. — **Règle.** Quand l'unité d'un nombre est le *kilomètre*, le premier chiffre décimal représente les hectomètres, le deuxième les décamètres, le troisième les mètres.

Ainsi :	$4^{Km},3$	s'énoncent	4 kilomètres	3 hectomètres.
	$4^{Km},35$	—	4 —	35 décamètres.
	$4^{Km},358$	—	4 —	358 mètres.

De la lieue.

153. — Il convient de citer la **lieue**, qu'on a rattachée au système métrique, et qu'on emploie souvent dans l'évaluation des distances.

La *lieue*	équivaut à	4	kilomètres,	soit 4000 mètres.
La *demi-lieue*	—	2	—	soit 2000 —
Le *quart de lieue*	—	1	—	soit 1000 —

82. Exercice écrit.

Écrivez en chiffres les longueurs suivantes :

1. Trois kilomètres, huit hectomètres.
2. Quinze kilomètres, trente-six décamètres.
3. Vingt-trois kilomètres, neuf décamètres.
4. Deux kilomètres, cinq cents mètres.
5. Six kilomètres, quarante-cinq mètres.
6. Dix kilomètres, sept hectomètres, trois décamètres, huit mètres.
7. Faites la somme de ces nombres : 1° en kilomètres, 2° en mètres.
8. De quelle unité se sert-on pour évaluer les grandes distances?
9. Combien y a-t-il de kilomètres dans 2, 4, 5, 3, 10, 12 lieues?

149. Quand prend-on le kilomètre pour unité de mesure?
150, 151. Comment sont indiqués les kilomètres sur les routes?
152. Que représentent les chiffres décimaux quand l'unité est le kilom.?
153. Quelle mesure de longueur convient-il de citer?

MESURES DE CAPACITÉ.

Du litre.

154. — L'unité de capacité est le **litre.**

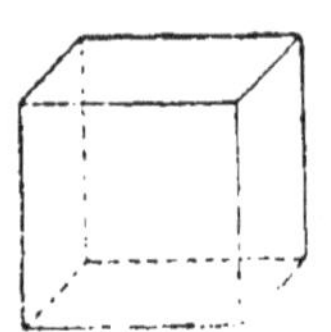

Fig. 5. Décimètre cube (réduit).

155. — Le *litre* est une mesure de capacité qui équivaut à un **décimètre cube** (fig. 5).

156. — On se sert du litre pour mesurer les liquides, comme l'eau, le vin, le lait, les grains et les graines, et certains légumes, comme les haricots, les pommes de terre, etc.

157. — Le litre prend différentes formes suivant la nature des matières à mesurer (fig. 6 7, 8 et 9). Ce qu'il importe, c'est que la capacité

Fig. 6. Litre en étain pour le vin.

Fig. 7 Litre en fer-blanc pour le lait.

Fig. 8. Litre en bois pour les grains.

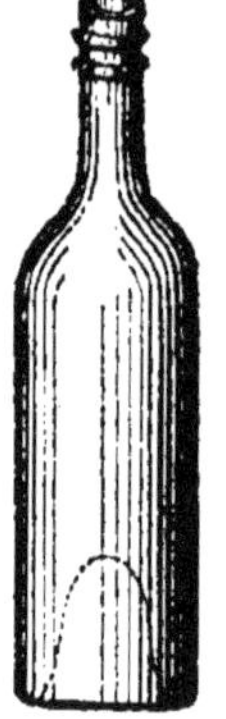

Fig. 9. Litre en verre.

du litre soit **exactement** égale au volume déterminé par la loi, c'est-à-dire au décimètre cube.

158. — Les multiples du litre sont :

Le décalitre (^{Dl})	qui vaut	10^{l}.
L'hectolitre (^{Hl})	—	100^{l} ou 10^{Dl}.
Le kilolitre (^{Kl})	—	1000^{l} ou 100^{Dl} ou 10^{Hl}.

---

154. Quelle est l'unité de capacité?
155. Qu'est ce que le litre?
156. Quel est l'emploi du litre?
157. Quelle est la forme du litre?
158. Quels sont les multiples du litre?

159. — Les sous-multiples du litre sont :

Le décilitre (^{dl}) qui vaut un dixième de litre... $0^{l},1$.
Le centilitre (^{cl}) — un centième de litre... $0^{l},01$.

160. — En conséquence :

Le litre vaut **10** décilitres ou **100** centilitres.
Le demi-litre — **5** décilitres.
Le cinquième de litre — **2** décilitres.

De l'hectolitre.

161. — Pour le commerce en gros des vins, des légumes et des grains[1], l'unité de mesure est l'**hectolitre** (100 litres).

Comment on lit un nombre d'hectolitres.

162. — **Règle.** Quand l'unité d'un nombre est l'*hectolitre*, le premier chiffre décimal représente les décalitres, le deuxième les litres.

Ainsi : $3^{Hl},5$ s'énoncent 3 hectolitres 5 décalitres.
$3^{Hl},58$ — 3 — 58 litres.

---

83. Exercice oral.

1. Lisez les nombres suivants et faites-en la somme, 1° en litres, 2° en décalitres, 3° en hectolitres.

$7^{l},3$	$2^{Hl},25$	$3^{l},05$	$4^{l},27$
$49^{l},56$	$245^{Hl},3$	$4^{Dl},35$	$9^{l},02$
$0^{l},08$	$2^{Dl},32$	$8^{l},4$	$5^{Dl},24$
64500 litres	$32^{Dl},45$	$92^{Hl},50$	$17^{Hl},52$
$140^{l},2$	$8^{Hl},92$	$8^{Hl},8$	$3^{l},2$

84. Exercice de conversion.

1. Convertir 27 litres en décilitres et en centilitres.
2. Convertir 6819 litres en décalitres et en hectolitres.
3. Convertir $8^{l},4$ en hectolitres et en centilitres.
4. Convertir $42^{l},17$ en décalitres et en décilitres.
5. Convertir 345 centilitres en décilitres et en litres.
6. Convertir 1238 hectolitres en décalitres et en litres.

1. Le commerce en gros des grains se fait aussi *au poids*, par quintaux, c'est-à-dire par poids de *cent kilogrammes*.

---

159. Quels sont les sous-multiples?
160. Que vaut le litre?
161. Quelle est l'unité de gros?
162. Quand on prend l'hectolitre pour unité, que représentent les chiffres décimaux?

Du boisseau.

163. — Il convient de citer le **boisseau**, ancienne mesure qu'on a rattachée au système métrique, et qui équivaut au décalitre, c'est-à-dire à dix litres. En conséquence :

Le demi-boisseau.............	vaut 5 litres.
Le cinquième de boisseau[1].....	— 2 litres.

Mesures effectives ou réelles de capacité.

164. — Pour faciliter les opérations commerciales, la loi a prescrit que *chacune des mesures de capacité et de poids aurait son double et sa moitié.*

165. — Les mesures effectives ou réelles de capacité sont donc :

Unités	Doubles	Moitiés
Hectolitre	....	Demi-hectolitre (50^l).
Décalitre	Double décalitre (20^l)	Demi-décalitre (5^l).
Litre	Double litre (2^l)	Demi-litre (5^{dl}).
Décilitre	Double décilitre ($0^l,2$)	Demi-décilitre ($0^l,05$).
Centilitre	Double centilitre ($0^l,02$)	....

---

85. Exercice écrit.

1. A quoi servent les mesures de capacité ?
2. Quelle est l'unité des mesures de capacité ?
3. Qu'est-ce que le litre ?
4. Quelle est la forme d'un litre ?
5. Quels sont les multiples du litre ?
6. Quels sont les sous-multiples du litre ?
7. Combien l'hectolitre vaut-il de décalitres, de litres ?
8. Combien le litre vaut-il de décilitres et de centilitres ?
9. Qu'est-ce que le boisseau ?
10. Quelles sont les mesures réelles ou effectives de capacité ?
11. Sur quelle disposition légale est basée la liste de ces mesures ?
12. L'unité d'un nombre étant l'hectolitre, que représente le premier, le second, le troisième, le quatrième chiffre ?
13. L'unité d'un nombre étant le litre, quelle unité représentent les dixièmes ? les centièmes ?

1. Que les marchands appellent à tort *un quart*.

---

163. Quelle unité convient-il de citer ?

164. Qu'a fait la loi pour faciliter les opérations commerciales ?

165. Quelles sont les mesures effectives de capacité ?

MESURES DE POIDS.

Du gramme.

166 — L'unité de poids est le **gramme.**

167. — Le *gramme* est le poids d'un centimètre cube d'eau distillée * (fig. 10 et 11).

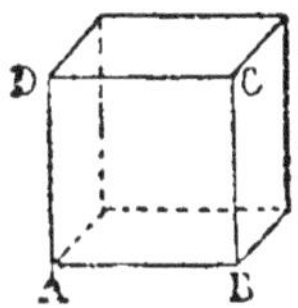

Fig. 10. Centimètre cube (grandeur réelle).

Fig. 11. Le gramme (grandeur réelle).

168. — Les multiples du gramme sont :

Le décagramme (Dg.) qui vaut		10gr.
L'hectogramme (Hg.)	—	100gr, ou 10Dg.
Le kilogramme (Kg.)	—	1000gr, ou 10Hg. ou 100Dg.

169. — Les sous-multiples du gramme sont :

Le décigramme	qui vaut	un dixième	de gramme	0gr.,1
Le centigramme	—	un centième de	—	0gr.,01
Le milligramme	—	un millième de	—	0gr.,001

170. — En conséquence, le gramme vaut **10** décigrammes, **100** centigrammes, **1000** milligrammes.

---

86. Exercice de conversion.

1. Convertir 27 grammes en décigrammes, en centigrammes.
2. Convertir 36 819 grammes en hectogrammes, en kilogrammes.
3. Convertir 42gr, 17 en décagrammes et en décigrammes.
4. Convertir 8 kilogrammes en grammes.
5. Convertir 345 centigrammes en décigrammes et en grammes.
6. Convertir 1238 kilogrammes en myriagrammes.
7. Convertir 45 327 grammes en hectogrammes.
8. Convertir 3842 grammes en kilogrammes.

---

166. Quelle est l'unité de poids?
167. Qu'est-ce que le gramme?
168. Quels sont les multiples du gramme?
169. Quels sont les sous-multiples?
170. Que vaut le gramme?

Du kilogramme.

171. — Pour les pesées ordinaires du commerce, l'unité est le **kilogramme** ou mille grammes.

172. — Le kilogramme est le poids de mille centimètres cubes d'eau, ou d'un décimètre cube d'eau (fig. 12).

173. — Il est représenté pour un bloc de fonte * à six faces surmonté d'un anneau (fig. 13), ou encore par un bloc de cuivre, de forme cylindrique, surmonté d'un bouton (fig. 14).

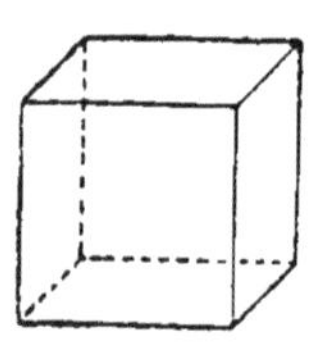

Fig. 12. Décimètre cube (réduit).

Fig. 13. Kilogramme en fonte.

Fig. 14. Kilogramme en cuivre.

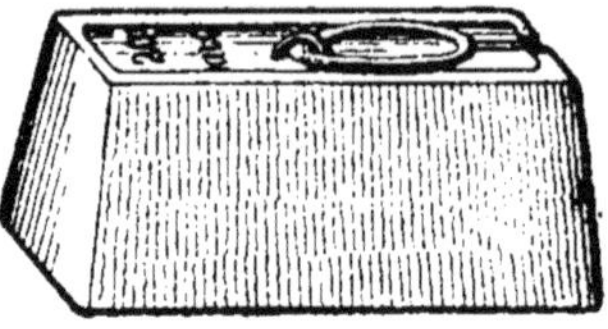

Fig. 15. Poids en fonte de 20 kil.

174. — Le kilogramme vaut **10** hectogrammes, ou **100** décagrammes, ou **1000** grammes.

Le demi-kilogramme vaut **500** grammes.

175. — Il existe aussi des poids de 20 kilogrammes et de 50 kilogrammes. Ce sont des blocs de fonte à quatre faces surmontés d'un anneau (fig. 15).

Comment on lit un nombre de kilogrammes.

176. — Quand l'unité d'un nombre est le kilogramme, le premier chiffre décimal représente les hectogrammes, le deuxième les décagrammes, le troisième les grammes.

Ainsi $4^{Kg.},25$ s'énoncent 4 kilogr. 25 décagr.

---

87. Exercice oral.

Lisez les nombres suivants et faites-en la somme : 1° en kilogrammes, 2° en décagrammes, 3° en grammes :

4723 grammes.	$45^{kg.},25$	$2^{Kg.},258$	$780^{Kg.},95$
$49^{gr.},562$	$245^{kg.}.288$	$3^{Kg.},724$	$48^{Kg},10$
$0^{gr.},08$	$3^{hg.},25$	$49^{Kg.},825$	$8^{Hg.},25$
64500 gr.	$1^{hg.},9$	$2^{Dg},34$	$47^{Kg.},324$
140 gr.	$15^{gr.},85$	$8^{gr.},05$	$8^{Dg.},28$

---

171. De quelle unité se sert-on pour les pesées ordinaires?
172. Qu'est-ce que le kilogramme?
173. Par quoi est-il représenté?
174. Que vaut le kilogramme?
175. Quels sont les autres poids?
176. Que représentent les décimales d'un nombre dont l'unité est le kilogramme?

De la livre et de l'once.

177. — Il convient de citer la **livre** ou **demi-kilo**, qu'on a rattachée au système métrique, et qu'on emploie souvent dans l'évaluation des poids.

La livre ou demi-kilo vaut 500 grammes.
La demi-livre — 250 grammes.
Le quart d'une livre — 125 grammes.

L'*once*, dont l'usage se perd de plus en plus, équivaut à 30 grammes.

Du quintal et de la tonne.

178. — On énonce les grandes pesées à l'aide des deux unités suivantes :

Le *quintal métrique*, qui vaut **100** kilog.;
La *tonne*, qui vaut **1000** kilog.

De la tare.

179. — On appelle *tare* le poids de l'enveloppe d'une marchandise qu'on ne peut peser à nu.

Soit à peser un kilogramme d'huile, vous remettez votre burette au marchand qui la pèse à vide : les poids qui font équilibre à la burette vide sont la *tare*.

---

88. Exercice.

Répondez par écrit aux questions suivantes :

1. Quelle est l'unité de poids?
2. Qu'est-ce que le gramme?
3. Quels sont les multiples et les sous-multiples du gramme?
4. Qu'est-ce qu'un quintal métrique? — Qu'est-ce qu'une tonne?
5. Combien le kilogramme vaut-il d'hectogrammes, de décagrammes, de grammes?
6. Combien le gramme vaut-il de décigrammes, de centigrammes, de milligrammes?
7. Quelle est l'unité des pesées ordinaires?
8. Combien y a-t-il de kilogrammes dans 10 livres, dans 9 livres, dans 12 livres, dans 15 livres?
9. Traduisez en tonnes et en quintaux les nombres suivants : 31 240 kil., 24 800 kil., 7342 kil., 15 000 kil., 438 752 kil.

---

177. Quelles autres mesures convient-il de citer?
178. Comment énonce-t-on les grandes pesées?
179. Qu'est-ce que la tare?

Tableau des poids effectifs ou réels.

180. — Les poids sont en fonte de fer ou en cuivre.

181. — Les mesures effectives de poids, comme les mesures de capacité, ont leur *double* et leur *moitié*. Ce sont :

Unités.	Doubles.	Moitiés.
50 kilos (fonte).	....	....
10 kilos (fonte).	20 kilos (fonte).	5 kilos (fonte).
1 kilo (1 000 gr.).	2 kilos (2 000 gr.).	1/2 kilo (500 gr.).
1 hecto (100 gr.).	2 hectos (200 gr.).	1/2 hecto (50 gr.).
1 déca (10 gr.).	2 décas (20 gr.).	1/2 déca (5 gr.).
1 gramme.	2 grammes.	....

Fig. 16.

182. — Les poids inférieurs au gramme ne sont employés que pour les pesées qui exigent une grande exactitude. Ils ont la forme de lamelles de cuivre (fig. 16).

---

89. Exercice écrit.

Répondez par écrit aux questions suivantes :

1. De quels poids vous serviriez-vous pour peser 86 grammes de tabac, 500 grammes de sucre et 00 grammes de thé ?

2. De quels poids vous serviriez-vous pour peser 23 grammes de sucre, 17 grammes de thé, 34 grammes de poivre, 50 grammes de tabac, 1̄5 grammes de sucre, 29 grammes de gomme, 37 grammes de thé, 250 grammes de sel, 30 grammes de savon ?

3. De quels poids vous serviriez-vous pour peser 2 kilogr. 375 grammes de sucre, 536 grammes de café et 50 grammes de thé ?

90. Exercice écrit.

Écrivez en chiffres les nombres suivants :

1. Deux hectogrammes, sept décagrammes, huit grammes.
2. Six kilogrammes, vingt-neuf grammes.
3. Quatre tonnes, quinze kilogrammes, cent vingt grammes.
4. Douze décagrammes, trois décigrammes.
5. Vingt-quatre centigrammes.
6. Douze cents milligrammes.
7. Deux kilos, vingt-cinq hectos, huit décas.

---

180. En quelle matière sont fabriqués les poids ?
181. Quelles sont les mesures effectives de poids ?
182. Parlez des poids inférieur au gramme.

DES BALANCES.

183. — Pour peser les objets, on se sert d'un instrument appelé *balance*.

184. Les modèles de balances les plus employés sont : la balance *ordinaire*, la balance *Roberval*, la balance *bascule*.

Balance ordinaire.

185. — La balance *ordinaire* (fig. 17) se compose d'un fléau AB mobile autour de l'arête d'un couteau horizontal M. Les deux bras AM, BM du fléau sont d'égale longueur et supportent à leurs extrémités deux plateaux de même poids.

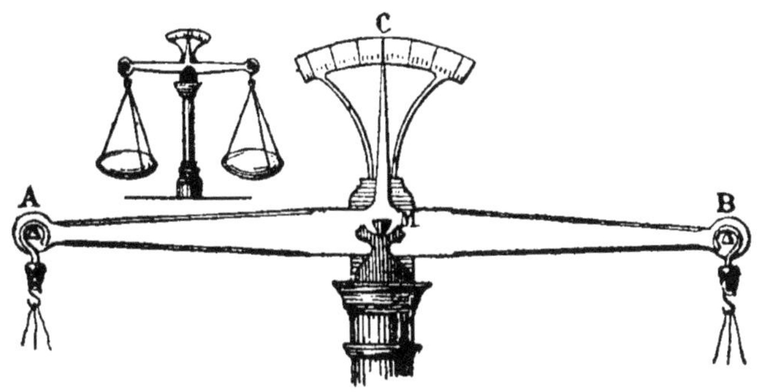

Fig. 17. Balance ordinaire. — AB fléau. — AM, BM, bras du fléau. — C aiguille de vérification. — M couteau aigu sur lequel la balance oscille.

Une aiguille C, qui oscille devant un cadran divisé, indique les plus petits mouvements du fléau. On reconnaît que l'équilibre est établi lorsque l'aiguille s'arrête *juste* en face du zéro du cadran.

Manière de vérifier la justesse d'une balance.

186. — On vérifie la justesse d'une balance de la manière suivante.

Les deux plateaux étant vides ou chargés d'un même poids, l'aiguille doit s'arrêter **en face** du point de repère.

---

183. De quel instrument se sert-on pour peser les objets?

184. Quels sont les modèles les plus employés?

185. Parlez de la balance ordinaire.

186, 187. Comment s'assure-t-on de la justesse d'une balance?

187. — On vérifie encore la justesse d'une balance en recommençant la pesée après avoir changé les poids de côté.

Balance de Roberval.

188. — Il existe encore une balance en faveur dans le commerce, dite balance de ROBERVAL, du nom de son inventeur (fig. 18).

Fig. 18. Balance Roberval.

Dans cette balance, les plateaux, au lieu d'être suspendus au-dessous du fléau, sont placés au-dessus.

Balance bascule.

189. — Il existe une troisième sorte de balance d'un usage général pour les pesées un peu fortes : c'est la *balance bascule* (fig. 19).

Cette balance est disposée de telle sorte, qu'un poids quelconque placé sur le petit plateau P fait équilibre à un fardeau Q **dix fois** plus considérable placé sur le plateau AB.

Ainsi un poids de 10 kilos fait équilibre à un fardeau de 100 kilos. De même, un poids de 14 kg, 4 fait équilibre à un fardeau de 144 kilos.

Grâce à cet ingénieux système, on est dispensé de se servir des poids de 50 et de 20 kilogr., dont le maniement est très pénible.

---

188. Qu'est-ce que la balance Roberval ?

189. Qu'est-ce que la balance bascule ? — Comment est-elle disposée ?

190. — Dans la balance bascule, l'aiguille de vérification est remplacée par deux appendices *b* et *c*, dont l'un *b* est

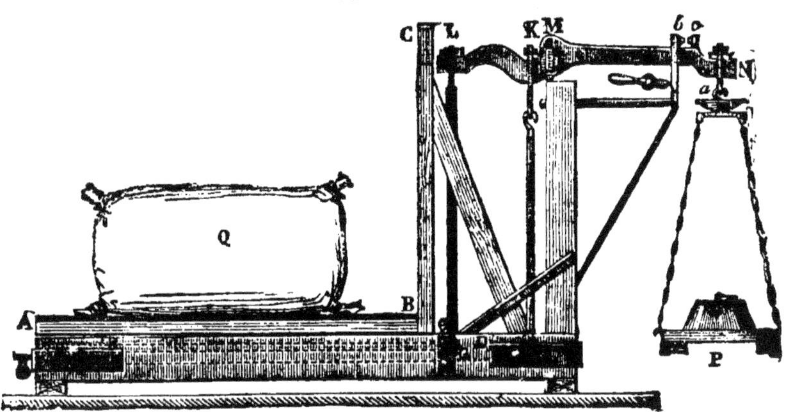

Fig. 19. Balance bascule. — Un poids de 10 kil. placé en P fait équilibre à un fardeau de 100 kil. placé en AB.

fixe* et l'autre mobile* avec le fléau. Au moment de la pesée, on reconnaît que l'équilibre est établi, quand les deux appendices restent en regard l'un de l'autre.

Lorsque la pesée est terminée, on met la balance au repos à l'aide d'une manivelle qui soutient le levier MN.

De l'honnêteté dans les pesées.

191. — *On doit donner à chacun ce qui lui est dû.*

Si une personne vient vous acheter une quantité quelconque de marchandise, vous devez lui remettre intégralement, en échange de son argent, le poids *exact* de marchandise qu'elle demande. C'est une simple question d'honnêteté.

Avez-vous affaire à un enfant? C'est avec une exactitude scrupuleuse que vous devez le servir.

Quiconque vend sciemment *à faux* commet un acte aussi coupable que celui qui dérobe l'argent d'autrui.

Si les considérations d'honneur n'étaient pas suffisantes pour faire prévaloir les devoirs qu'impose l'honnêteté, nous rappellerions que la loi atteint le commerçant infidèle comme elle atteint le voleur.

---

190. Comment vérifie-t-on la justesse de la pesée sur la balance bascule ?

191. Quels sont les devoirs qu'impose l'honnêteté?

MONNAIES.

Du franc.

192. — L'unité de monnaie est le **franc.**

193. — Le *franc* est une piece d'argent qui pèse *cinq grammes.*

194. — Pour exprimer les multiples du franc, on se sert des nombres ordinaires. Ainsi on dit : une piece de *dix* francs, de *cent* francs, un billet de *mille* francs.

195. — Les deux sous-multiples du franc sont :

Le *décime*, qui est la dixième partie du franc.

Le *centime*, qui est la centième partie du franc.

196. — En conséquence, le franc vaut **10** décimes ou **100** centimes ; le décime vaut **10** centimes.

Comment on écrit un nombre de francs.

197. — Quand l'unité d'un nombre est le franc, le premier chiffre décimal représente les décimes et le second les centimes. Toutefois le décime n'étant pas usité, on convertit les décimes en centimes.

Ainsi : 25f,40 s'énoncent 25 francs 40 centimes
25f,05 — 25 francs 5 centimes.

---

91. Exercice écrit.

Écrivez en lettres les nombres suivants et faites-en la somme :

3f,25 — 42f,05, — 18f,10, — 35f,70, — 44f,15, — 7f,05, — 2f,15, — 3f,40, — 0f,75, — 0f,10, — 0f,05, — 0f,03, — 0f,02. — 4f,25, — 0f,80, — 0f,35, — 4f,08, — 2f,55, — 4f,45, — 0f,24, — 0f01.

Écrivez en chiffres les nombres suivants et faites-en la somme :

Deux francs vingt-cinq centimes. — Dix-huit francs quarante-cinq centimes. — Deux francs dix centimes. — Neuf francs cinquante-cinq centimes. — Huit francs soixante-quinze centimes. — Trois francs neuf centimes. — Un franc cinq centimes. — Deux francs vingt-cinq centimes. — Trente francs quarante centimes.

---

192. Quelle est l'unité de monnaie ?
193. Qu'est-ce que le franc ?
194. Comment exprime-t-on les multiples du franc ?
195. Quels sont les sous-multiples ?
196. Que vaut le franc ?
197. Quand l'unité est le franc, que représentent les chiffres décimaux ?

Tableau des monnaies.

198. — Il y a trois espèces de monnaies : les monnaies d'*or*, les monnaies d'*argent* et les monnaies de *cuivre*.

199. — Les monnaies d'or, d'argent et de cuivre ne sont pas composées exclusivement d'or, d'argent ou de cuivre. Pour en augmenter la *dureté*, on ajoute aux monnaies d'or et d'argent une portion déterminée de cuivre, et aux monnaies de cuivre une portion déterminée d'étain et de zinc.

MONNAIES D'OR		MONNAIES D'ARGENT		MONNAIES DE BRONZE	
9 PARTIES D'OR 1 PARTIE DE CUIVRE		835 PARTIES D'ARGENT 165 PARTIES DE CUIVRE		95 PARTIES DE CUIVRE 4 — D'ÉTAIN 1 — DE ZINC	
Pièces.	Poids.	Pieces.	Poids.	Pieces.	Poids.
100 fr.	32gr 258	5 fr.[1]	25gr.	0 fr. 10	10gr.
50 fr.	16gr 129	2 fr.	10gr.	0 fr. 05	5gr.
20 fr.	6gr 451	1 fr.	5gr.	0 fr. 02	2gr.
10 fr.	3gr 226	0 fr. 50	2gr. 5	0 fr. 01	1gr.
5 fr.	1gr 613	0 fr. 20	1gr.		

Billets de banque.

200. — Indépendamment des monnaies d'or, d'argent et de cuivre, il existe des *billets de banque* de 1000 fr., de 500 fr., de 100 fr., de 50 fr., de 20 fr., de 5 fr.

92. Exercice écrit.

Répondez par écrit aux questions suivantes:

1. Quelle est l'unité de monnaie?
2. Qu'est-ce que le franc?
3. Quels sont les sous-multiples du franc?
4. Combien y a-t-il d'espèces de monnaies?
5. Quelles sont les monnaies d'or? — d'argent? — de cuivre?
6. Quel est le poids et la composition des monnaies de cuivre? — des monnaies d'argent? — des monnaies d'or?
7. Quelle autre valeur connaissez-vous en dehors des monnaies?

1. La pièce de 5 fr. contient encore 9 parties d'argent et 1 de cuivre, mais on ne bat plus de pièces de 5 fr.

198. Combien y a-t-il d'espèces de monnaies?

199. Quelle est la composition des monnaies? Citez les différentes pièces de monnaies?

200. Quelle autre valeur existe-t-il?

Du sou.

201. — Il convient de citer le **sou**, qu'on a rattaché au système métrique, et qu'on emploie souvent dans l'évaluation des sommes.

202 — Le *sou* vaut **cinq** centimes.

203. — La pièce de *deux sous* vaut **dix** centimes.

204. — Partant de là, il est facile d'évaluer en centimes et en francs une somme donnée en sous.

			f. c.				f. c.				f. c.
1	sou	fait	0,05	21	sous	font	1,05	41	sous	font	2,05
2	sous	font	0,10	22	—	—	1,10	42	—	—	2,10
3	—	—	0,15	23	—	—	1,15	43	—	—	2,15
4	—	—	0,20	24	—	—	1,20	44	—	—	2,20
5	—	—	0,25	25	—	—	1,25	45	—	—	2,25
6	—	—	0,30	26	—	—	1,30	46	—	—	2,30
7	—	—	0,35	27	—	—	1,35	47	—	—	2,35
8	—	—	0,40	28	—	—	1,40	48	—	—	2,40
9	—	—	0,45	29	—	—	1,45	49	—	—	2,45
10	—	—	0,50	30	—	—	1,50	50	—	—	2,50
11	—	—	0,55	31	—	—	1,55	51	—	—	2,55
12	—	—	0,60	32	—	—	1,60	52	—	—	2,60
13	—	—	0,65	33	—	—	1,65	53	—	—	2,65
14	—	—	0,70	34	—	—	1,70	54	—	—	2,70
15	—	—	0,75	35	—	—	1,75	55		—	2,75
16	—	—	0,80	36	—	—	1,80	56	—	—	2,80
17	—	—	0,85	37	—	—	1,85	57	—	—	2,85
18	—	—	0,90	38	—	—	1,90	58	—	—	2,90
19	—	—	0,95	39	—	—	1,95	59	—	—	2,95
20	—	—	1,00	40	—	—	2,00	100	—	—	5

205. — **Règle.** On doit s'habituer à compter en *francs* et en *centimes* plutôt qu'en sous.

---

93. Exercice écrit.

1. Combien y a-t-il de centimes dans 1, 2, 3, 4, 5, 6, 7, 8, 9, 10, 11, 12, 13, 14, 15, 16, 17, 18, 19 sous?

2. Traduisez en francs et centimes les nombres suivants : 22 sous, 25 sous, 34 sous, 36 sous, 42 sous, 54 sous, 58 sous, 23 sous, 37 sous, 44 sous, 56 sous?

3. Quelle est la valeur en francs et en centimes d'une pièce de 4 sous, de 10 sous, de 20 sous, de 2 sous, de 1 sou, de 100 sous?

---

201. Quelle pièce de monnaie convient-il de citer?

202. Que vaut le sou?

203. Que vaut la pièce de deux sous?

204. Evaluez des sous en francs et centimes.

205. Quelle habitude doit-on prendre?

Manière de rendre la monnaie.

206. — Il est grandement utile d'apprendre à rendre la monnaie, autrement dit l'*appoint* : c'est le moyen d'éviter les pertes d'argent, et de les épargner aux autres.

207. — **Règle.** Pour rendre la monnaie, on donne **pièce à pièce** depuis la somme due jusqu'à la valeur offerte.

Soit à prendre 2f,15 sur une pièce de 20 francs.

Je dis : 2f,15	et 0f,35	2f,50.
	et 0f,50	3 fr.
	et 2 fr.	5 fr.
	et 5 fr.	10 fr.
	et 10 fr.	20 fr.

Et en même temps que je parle, je donne 0f,35, puis 0f,50, puis 2 fr., puis 5 fr., puis enfin 10 fr.

Ce qu'on fait d'une pièce fausse.

208. — On doit apporter une certaine attention à la nature des pièces de monnaie que l'on reçoit.

209. — Si le hasard amène une pièce fausse dans votre caisse, vous devez la remettre au maire de la commune ou au commissaire de police du quartier.

Du milliard.

210. — Lorsqu'il s'agit de francs, le mot *billion* est remplacé par **milliard.** Le milliard vaut donc **mille millions.**

94. Exercice.

Comment prendrez-vous :

1.	1f,25	sur	2 fr.	10.	4f,25	sur	20 fr.	19.	8f,25	sur	10 fr.
2.	0f,50	—	1 fr.	11.	2f,10	—	10 fr.	20.	3f,40	—	20 fr.
3.	0f,40	—	2 fr.	12.	3f,40	—	100 fr.	21.	2f,10	—	2 fr.
4.	3f,25	—	5 fr.	13.	2f,25	—	3 fr.	22.	42f,25	—	50 fr.
5.	2f,90	—	3 fr.	14.	2f,05	—	2f,50	23.	8f,70	—	10 fr.
6.	0f,35	—	5 fr.	15.	3f,20	—	5 fr.	24.	2f,95	—	3 fr.
7.	0f,05	—	1 fr.	16.	30f,20	—	40 fr.	25.	0f,15	—	2 fr.
8.	0f,25	—	2 fr.	17.	92f,50	—	100 fr.	26.	0f,45	—	0f,50
9.	2f,50	—	10 fr.	18.	3f,25	—	4 fr.	27.	4f,30	—	20 fr.

206. Est-il utile de savoir rendre la monnaie ?

207. Comment fait-on pour rendre la monnaie ?

208-209. Que savez-vous sur les pièces fausses ?

210. Qu'est-ce qu'un milliard ?

MESURES DE SURFACE OU DE SUPERFICIE.

Du mètre carré.

211. — Toutes les unités de surface sont des **carrés** (fig. 20).

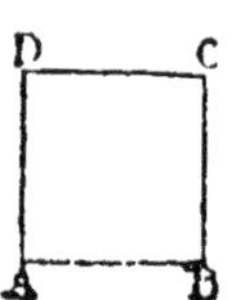

Fig. **20.** Le centimètre carré (grandeur réelle).

212. — L'unité de surface est le **mètre carré.**

213. — Le *mètre carré* est un carré dont chaque côté est égal à un mètre.

214. — Le mètre carré ($^{mq.}$) sert à évaluer la surface d'un plancher, d'une cour, d'un jardin, ainsi que les surfaces relatives aux travaux de peinture, de maçonnerie, etc.

Sous-multiples du mètre carré.

215. — Les sous-multiples du mètre carré servent surtout à évaluer les petites surfaces, telles que celles d'une feuille de papier, d'une petite planche, etc.

Le *décimètre carré* ($^{dmq.}$) est un carré qui a $0^m,1$ de côté.
Le *centimètre carré* ($^{cmq.}$) (fig. 22) — a $0^m,01$ —
Le *millimètre carré* ($^{mmq.}$) — a $0^m,001$ —

Multiples.

216. — Les multiples du mètre carré servent à évaluer les grandes superficies, telles que celles d'une forêt, d'un département, d'une contrée, etc. On les appelle pour cette raison *mesures topographiques* [1].

[1] Les mesures topographiques sont du ressort de l'ingénieur* et du géomètre *, plutôt que des simples particuliers.

---

211. Quelle est la forme de toutes les mesures de surface?
212. Quelle est l'unité de surface?
213. Qu'est-ce que le mètre carré?
214. Quel est l'emploi du mètre carré?
215-216. A quoi servent les sous-multiples et les multiples du mètre carré et quels sont-ils?

Le décamètre carré (Dmq.) est un carré	qui a	10m	de côté.
L'hectomètre carré (Hmq.) —	qui a	100m	—
Le kilomètre carré (Kmq.) —	qui a	1000m	—
Le myriamètre carré (Mmq.) —	qui a	10 000m	—

Numération centésimale des surfaces.

217. — Règle. Les unités de surface sont de **cent** en **cent** fois plus grandes.

218. — Pour le prouver, soit le carré ABCD (fig. 21).

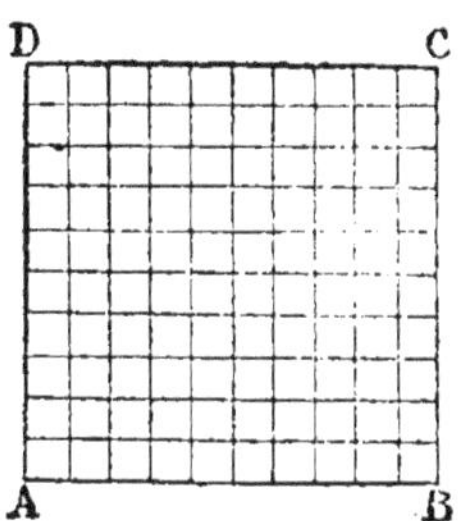

Fig. 21. Les unités de surface sont de *cent* en *cent* fois plus grandes.

Divisons le carré en dix bandes égales.

Traçons dans la première bande AB 10 petits carrés.

Puisque le carré contient dix bandes semblables, il contiendra en tout :

10 fois 10 ou **100** petits carrés.

---

95. Exercice.

Répondez par écrit aux questions suivantes?

1. Quelle est la forme de toutes les mesures de surface?
2. Quelle est l'unité de surface ou de superficie?
3. Qu'est-ce qu'un mètre carré?
4. Qu'est-ce qu'un décimètre carré? un centimètre carré? un millimètre carré?
5. Qu'est-ce qu'un décamètre carré? un hectomètre carré? un kilomètre carré? un myriamètre carré?
6. Combien une de ces mesures contient-elle de mesures de l'ordre immédiatement inférieur?
7. Comment démontre-t-on qu'un mètre carré vaut 100 décimètres carrés? qu'un décimètre carré vaut cent centimètres carrés? etc.

217, 218. Quelle est la numération des unités de surface?

219. — Ainsi :

Le mètre carré	vaut	100 décimètres carrés. .	100^{dmq}.
Le décimètre carré	—	100 centimètres carrés .	100^{cmq}.
Le centimètre carré	—	100 millimètres carrés .	100^{mmq}.

220. — En conséquence,

le mètre carré vaut		**100**	décimètres carrés
100 fois 100	ou	**10 000**	centimètres carrés
100 fois 10 000	ou	**1 000 000**	millimètres carrés.

221. — De même :

Le myriamètre carré	vaut	100 kilomètres carrés.	100^{Kmq}.
Le kilomètre carré	—	100 hectomètres carrés.	100^{Hmq}.
L'hectomètre carré	—	100 décamètres carrés.	100^{Dmq}.
Le décamètre carré	—	100 mètres carrés.	100^{mq}.

Conversion des unités de surface.

222. — **Règle.** Pour convertir des unités de surface d'un certain ordre en unités de surface d'un autre ordre, il suffit de multiplier ou de diviser le nombre donné par 100, par 10 000 ou par 1 000 000.

Ainsi :

25^{mq} = 2500^{dmq} = 250 000^{cmq} = 25 000 000^{mmq}.

5^{Kmq},25 = 525^{mq} = 52500^{Hmq} = 5 260 000^{mq}.

96. Exercice.

1. Convertir 1 854 276 mètres carrés en décamètres carrés, en hectomètres carrés et en kilomètres carrés.
2. Convertir 39 mètres carrés en décimètres carrés, en centimètres carrés et en millimètres carrés.
3. Convertir 89 456 707 mètres carrés en décamètres carrés, en hectomètres carrés, en kilomètres carrés et en myriamètres carrés.
4. Convertir 6^{mq},32 en décimètres carrés, en centimètres carrés.
5. Convertir 0^{mq},53 en décimètres carrés, en centimètres carrés.
6. Convertir 0^{mq},72 en décimètres carrés, en centimètres carrés.
7. Convertir 784 532 décimètres carrés en décamètres carrés.
8. Convertir 18 hectomètres carrés en décimètres carrés.
9. Convertir 401 mètres carrés en décimètres carrés.
10. Convertir 92 décamètres carrés en millimètres carrés.
11. Convertir 89^{kmq},25 en hectomètres carrés, en décamètres carrés.

219-221. Quelles sont les valeurs relatives des unités de surface?

222. Que fait on pour convertir les unités de surface?

Comment on écrit et comment on lit un nombre exprimant des surfaces.

223. — Règle. Pour lire et pour écrire un nombre exprimant des *surfaces*, on lit et on écrit d'abord la partie entière, comme s'il s'agissait d'un nombre ordinaire, puis on partage la partie décimale en tranches de **deux** chiffres.

Ainsi : $4^{mq},42054$

s'énoncent : 4 mètres carrés, 42 décimètres carrés, 5 centimètres carrés, 40 millimètres carrés.

Réciproquement : 24 mètres carrés, 32 décimètres carrés, 9 millimètres carrés

s'écrivent : $24^{mq},320009$.

Remarque. On voit qu'on supplée par *deux* zéros aux tranches qui manquent. De même on complète par *un* zéro les tranches qui n'ont qu'un chiffre.

224. — On procède d'une manière analogue, par tranches de *deux* chiffres, lorsque l'unité est le kilomètre carré, ou l'hectomètre carré, ou le décamètre carré.

---

97. Exercice.

Lisez les nombres suivants en énonçant séparément chacune des unités qu'ils contiennent ; puis faites la somme des trois colonnes que vous énoncerez : 1° en mètres carrés, 2° en kilomètres carrés, 3° en décamètres carrés.

$3^{mq},19$	$2^{mq},065$	$9108562^{mq}.$
8 2162	4 00726	$8805709^{mq}.$
6 978379	7 04005	$549148^{mq},7$
1 538	0 8003	$99743466^{mq}.$
0 0566	0 0004	$51264^{mq},19$
0 5	0 00912	$4630^{mq},281$

98. Exercice.

Écrivez en chiffres les nombres suivants et faites-en la somme :

1. Dix mètres carrés, vingt-cinq décimètres carrés.
2. Cinq mètres carrés, dix-huit décimètres carrés, quarante-six centimètres carrés.
3. Huit mètres carrés, trente-cinq décimètres carrés, vingt-neuf centimètres carrés, six millimètres carrés.
4. Quarante-cinq centimètres carrés.
5. Cinq cent vingt-sept centimètres carrés.

223-224. Comment lit-on et comment écrit-on les nombres qui expriment es unités de surface?

MESURES AGRAIRES.

De l'are.

225. — **L'are** est le décamètre carré appliqué à la mesure d'un champ.

226. — L'*are* équivaut donc à **100** mètres carrés.

Les trois mesures agraires.

227. — Les mesures agraires sont au nombre de trois :

L'**hectare** (^{Ha}),	qui vaut 100 ares, soit 10 000 m. carrés.
L'**are** (^{a}),	qui vaut 100 mètres carrés.
Le **centiare** (^{ca}),	qui est la centième partie de l'are, soit un mètre carré.

Comment on lit et comment on écrit un nombre d'hectares.

228. — Pour lire et pour écrire un nombre qui a l'hectare pour unité, on lit et on écrit les hectares comme s'il s'agissait d'un nombre ordinaire, puis on affecte les *deux* chiffres suivants aux ares, et les *deux* suivants aux centiares.

Ainsi : 8 ^{Ha},324

s'énoncent : 8 hectares, 32 ares, 40 centiares.

Réciproquement : 425 hectares, 25 ares, 3 centiares s'écrivent : 425 ^{a},2503.

Remarque. On voit que quand une tranche n'a qu'un chiffre, on la complète par un zéro.

---

99. Exercice.

Écrivez en chiffres les nombres suivants :

Trente-quatre hectares, vingt-cinq ares, cinq centiares.
Huit cents hectares, quatre-vingt-sept ares, trente centiares.
Dix-huit ares, 5 centiares.
Deux hectares, trois ares, sept centiares.
Quatre cent deux hectares, vingt-huit ares, quarante centiares.
Trente-quatre ares, deux centiares.
Dix-sept hectares, trois centiares.
Ramenez tous ces nombres à l'hectare et faites-en la somme.

---

225. Qu'est-ce que l'are?
226. A quoi équivaut l'are?
227. Quelles sont les trois mesures agraires?
228. Comment lit-on et écrit-on un nombre d'hectares?

Comment on convertit les mètres carrés en hectares, en ares et en centiares.

229. — Pour convertir les mètres carrés en hectares, en ares et en centiares, il suffit de se rappeler que

10 000	mètres carrés	font	un	hectare.
100	mètres carrés	—	un	are.
1	mètre carré	—	un	centiare.

230. — **Règle.** En conséquence, pour convertir un nombre de mètres carrés en centiares, en ares et en hectares, on affecte les deux premiers chiffres de droite aux *centiares*, les deux précédents aux *ares*, les chiffres restants aux *hectares*.

Ainsi : 3 125 452 mètres carrés équivalent à 312 hectares, 54 ares, 52 centiares.

Réciproquement, le nombre $8^{ha},324$ devient : 83 240 mètres carrés.

---

100. Exercice.

Convertissez en hectares, ares et centiares les surfaces suivantes :

283^{mq}	6 429 675 ^{mq}	84 532 ^{mq}
561 472 —	800 —	3 854 —
80 526 —	37 000 —	357 —
409 —	58 —	94 823 —
10000 —	57 342 —	547 —

Faites la somme do ces nombres ramenés à l'hectare.

101. Exercice.

Convertissez en mètres carrés les surfaces suivantes :

1. Cent vingt-cinq hectares, quarante-trois ares, vingt centiares.
2. Dix-huit hectares, trente-deux centiares.
3. Trente-six hectares, vingt-quatre ares.
4. Neuf hectares, six ares, huit centiares.
5. Soixante-douze ares, quarante centiares.
6. Un hectare, treize centiares.
7. Deux cents hectares, cinquante ares, dix centiares.
8. Deux hectares, trois cent vingt-huit centiares.
9. Faites la somme de ces nombres ramenés à l'are.
10. Qu'est-ce que l'are, l'hectare, le centiare?
11. A quelles mesures de surface équivalent l'are, l'hectare, le centiare?

229, 230. Comment convertit-on les mètres carrés en mesures agraires?

MESURES DE VOLUME.

Du mètre cube.

231. — Toutes les unités de volume sont des **cubes** (fig. 22).

Un dé à jouer est un petit cube.

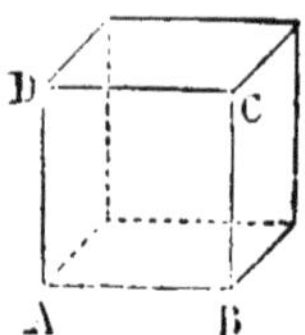

Fig. 22. Centimètre cube (grandeur réelle).

232. — L'unité principale de volume est le **mètre cube.**

233. — Le *mètre cube* est un cube dont chaque face est un mètre carré.

Son emploi.

234. — Le mètre cube sert à évaluer le volume d'une poutre, d'une maçonnerie, de la quantité de terre retirée d'un fossé, la contenance d'un bassin, d'un puits, etc.

Sous-multiples.

235. — Le décimètre cube est un cube dont chaque face est un décimètre carré.

Le centimètre cube (fig. 22) est un cube dont chaque face est un centimètre carré.

Le millimètre cube est un cube dont chaque face est un millimètre carré.

Numération millésimale des volumes.

236. — **Règle.** Les unités de volume sont de **mille** en **mille** fois plus grandes.

Pour le prouver, prenons un cube (fig. 23).

---

231. Que sont toutes les unités de volume?
232. Quelle est l'unité principale de volume?
233. Qu'est-ce que le mètre cube?
234. A quoi sert le mètre cube?
235. Quels sont les sous-multiples du mètre cube?
236. Quelle est la numération des mesures de volume?

Divisons-le en dix couches égales.

Plaçons sur la première couche ABC 100 petits cubes.

Puisque le cube contient dix couches semblables, il contiendra en tout :

10 fois 100 ou **1000** petits cubes.

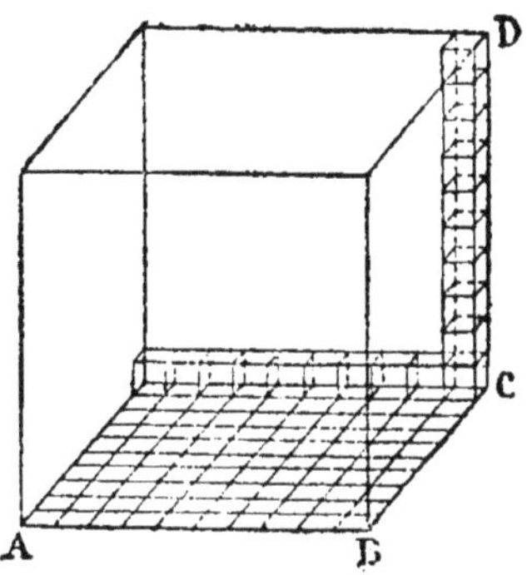

Fig. 23. Les unités de volume sont de *mille* en *mille* fois plus grandes.

237. — Ainsi :

Le mètre cube vaut 1000 décimètres cubes 1000 dmc.
Le décimètre cube — 1000 centimètres cubes 1000 cmc.
Le centimètre cube — 1000 millimètres cubes 1000 mmc.

238. — En conséquence,

Le mètre cube vaut **1 000** décimètres cubes.
1000 fois 1 000 ou **1 000 000** de centimètres cubes.
1000 fois 1 000 000 ou **1 000 000 000** de millimètr. cubes.

102. Exercice.

Répondez par écrit aux questions suivantes :

1. Citez un exemple d'un petit cube.
2. Quelle est l'unité de volume?
3. Qu'est-ce qu'un mètre cube? un décim. cube? un centim. cube?
4. Comment démontre-t-on qu'un mètre cube vaut 1000 décim. cubes?
5. Combien un mètre cube contient-il de décimètres cubes?
6. Combien un mètre cube contient-il de centimètres cubes?
7. Combien un mètre cube contient-il de millimètres cubes?

237. Quelles sont les valeurs relatives des mesures de volume?

238. Que vaut un mètre cube?

Comment on écrit et comment on lit un nombre exprimant des volumes.

239. — **Règle.** Pour lire et pour écrire un nombre exprimant des *volumes*, on lit et on écrit d'abord la partie entière, comme s'il s'agissait d'un nombre ordinaire, puis on partage la partie décimale en tranches de **trois** chiffres.

Ainsi 4 mc 9870423

s'énoncent : 4 mètres cubes, 987 décimètres cubes, 42 centimètres cubes, 300 millimètres cubes.

Réciproquement : 451 mètres cubes, 152 décimètres cubes, 8 millimètres cubes

s'écrivent : 451 mc 152 000 008

REMARQUE. — On voit qu'on supplée par *trois* zéros aux tranches qui manquent.

De même on complète par *un* ou *deux* zéros les tranches incomplètes.

---

103. Exercice.

Lisez les nombres suivants, et faites-en la somme : 1° en mètres cubes; 2° en décimètres cubes.

4mc,327	0mc,45	52mc,42357
6mc,573294	0mc,72063	927mc,3258
11mc,819634725	0mc,9180005	8mc,59046
2mc,048	0mc,1	3mc,72945
2mc,0075	0mc,20	52mc,89403
10mc,000491	0mc,3004	6mc,723452
7mc,060080	0mc,00007	7mc,572

104. Exercice.

Écrivez en chiffres les nombres suivants et faites-en la somme.

1. Six mètres cubes, quarante-neuf décimètres cubes.
2. Huit mètres cubes, cinquante-quatre centimètres cubes.
3. Cent neuf décimètres cubes.
4. Douze cent trente centimètres cubes.
5. Neuf mille dix-huit décimètres cubes.
6. Cinq décimètres cubes.
7. Quatre-vingts centimètres cubes.
8. Un mètre cube, quatre cents centimètres cubes.

---

239. Comment lit-on et comment écrit-on un nombre qui exprime des volumes ?

Multiples du mètre cube.

240. — Le mètre cube n'a pas de multiples.

241. — Pour désigner un certain nombre de mètres cubes, on se sert des nombres ordinaires : dix, cent, mille mètres cubes.

Du tonneau.

242. — Appliqué à la capacité d'un navire, le mètre cube prend le nom de *tonneau*. Ainsi, un navire de trois cents tonneaux de *jauge* est un navire dont la contenance est de trois cents mètres cubes.

Conversion des unités de volume.

243. — Pour convertir des unités de volume d'un certain ordre en unités de volume d'un autre ordre, il suffit de multiplier ou de diviser ce nombre par 1000, par 1 000 000 ou par 1 000 000 000, d'après les règles déjà connues [1].

Ainsi : $25^{mc} = 25000^{dmc} = 25\,000\,000^{cmc}$
$40\,000\,000^{cmc} = 4000^{dmc} = 4^{mc}$
$8^{mc},72\,365 = 8723^{dmc},650$
$419\,629^{cmc} = 0^{mc},419\,629$

---

105. Exercice.

1. Convertir 39 mètres cubes en décimètres cubes, en centimètres cubes et en millimètres cubes.
2. Convertir $6^{mc},32174$ en décimètres cubes, en centimètres cubes et en millimètres cubes.
3. Convertir $0^{mc},5$ en décimètres cubes, en centimètres cubes et en millimètres cubes.
4. Convertir 784 532 641 millimètres cubes en centimètres cubes, en décimètres cubes et en mètres cubes.
5. Convertir 51 639 centimètres cubes en décimètres cubes, en mètres cubes et en millimètres cubes.
6. Convertir 62 décimètres cubes en mètres cubes, en centimètres cubes et en millimètres cubes.

[1]. Voir page 55 et 74.

240, 241. Comment exprime-t-on les multiples du mètre cube?
242. Quel autre nom prend le mètre cube?
243. Comment convertit-on les unités de volume?

Du stère.

244 — Le **stère** est le mètre cube appliqué à la mesure des bois de chauffage.

245. — Le stère (fig. 24) est une sorte de châssis qui a un mètre à la *base*, de E en G, et une hauteur qui varie suivant la longueur des bûches.

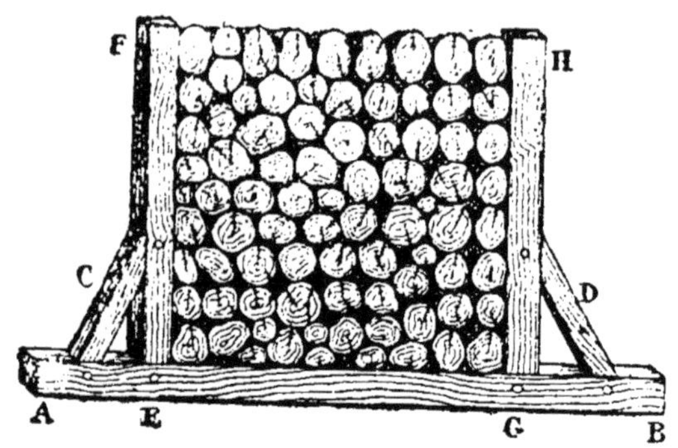

Fig. 24. — AB, sole. — EF, GH, montants. — C, D, contre-fiches.

246. — Le décastère, et le décistère qui sont les seuls multiples et sous-multiples du stère, sont peu employés.

247. — Les mesures effectives sont : Le *demi-décastère*, qui vaut 5 stères, le *double-stère*, le *stère.*

248. — Aujourd'hui l'usage se généralise de plus en plus de vendre le bois au *poids*, par 50, 100, 500, 1000 kilogr.

RÉSUMÉ.

249. — Toutes les mesures métriques dérivent du **mètre.**

1° Le *litre* équivaut au déci*mètre* cube.

2° Le *gramme* est le poids d'un centi*mètre* cube d'eau.

3° Le *franc* pèse autant que cinq centi*mètres* cubes d'eau

4° Le *mètre carré* est un carré qui a un *mètre* de côté.

5° L'*are* est un déca*mètre* carré.

6° Le *mètre cube* est un cube dont chaque face est un *mètre* carré.

7° Le *stère* équivaut au *mètre* cube.

244-245. Qu'est-ce que le stère ?
246. Que savez-vous du décastère et du décistère ?
247. Quelles sont les mesures effectives ?
248. Quel usage se généralise ?
249. Démontrez que toutes ces mesures dérivent du mètre.

Opérations sur les mesures métriques.

250. — **Règle.** Pour effectuer l'addition, la soustraction, la multiplication et la division des mesures métriques, il faut se rendre un compte exact de la valeur des divers multiples et sous-multiples, puis ramener tous les nombres **à la même unité.**

Cela fait, on opère comme sur les nombres décimaux.

Addition.

Un courrier parcourt :

Le premier jour, 42 kilomètres 24 décamètres

Le deuxième jour, 3 myriamètres 5 kilomètres 3 hectomètres ;

Le troisième jour, 52 kilomètres 395 mètres.

Quel chemin a-t-il parcouru?

Ramenant ces différents nombres au kilomètre, j'écris :

1er jour...........	42 km.	240
2e jour...........	35	300
3e jour...........	52	395
Je fais la somme...	129	935

Le courrier a parcouru 129 kilomètres 935 mètres.

---

106. Problèmes.

1. Sur une pièce de drap on a coupé une première fois $18^{m},35$; une seconde fois $7^{m},6$; une troisième fois 85 centimètres: une quatrième fois $1^{m},10$; cette pièce contient encore $5^{m},42$. Quelle était sa longueur?

2. Un marchand a vendu $4^{kg},5$ d'une marchandise; puis $12^{kg},25$ de la même marchandise; puis encore 735 grammes, et enfin $1^{kg},45$. Quel poids a-t-il vendu en tout?

3. Un marchand a vendu un jour pour $147^{f},60$ de marchandise; le lendemain, pour $208^{f},35$; le troisième jour, pour $95^{f},50$; le quatrième jour, pour $372^{f},85$. Quelle somme a-t-il reçue dans ces quatre jours?

4. Un fermier a récolté dans un champ $42^{hl},30$ de blé; dans un deuxième, $73^{hl},4$; dans un troisième, $105^{hl},8$. Quelle quantité de blé a-t-il récoltée dans ces trois champs?

---

250. **Comment effectue-t-on les opérations sur les mesures métriques?**

Soustraction des mesures métriques.

Deux personnes se partagent une pièce de terre de 4 hectares 32 ares. La première prend pour sa part 225 ares 8 centiares. Quelle sera la part de l'autre personne?

Ramenons ces nombres à l'are :

	ares	centiares
Superficie de la pièce de terre.......	432	00
Part de la première personne.......	225	08
Il reste à la seconde personne.......	206	92

Il reste 206 ares 92 centiares, qui équivalent à 2 hectares 6 ares 92 centiares.

---

107. Problèmes.

1. Une règle a $0^{m},637$ de longueur; combien lui manque-t-il pour avoir la longueur d'un mètre?

2. Une pièce de toile a $32^{m},75$; on en coupe $17^{m},80$; combien en reste-t-il?

3. Une personne paye une facture de $13^{f},45$ avec une pièce de 20 fr. Que doit-on lui rendre?

4. Une caisse de marchandise pèse $86^{kg},750$; la caisse vide pèse $7^{kg},9$. Quel est le poids de la marchandise?

5. D'une pièce de vin qui contenait $2^{Hl},3$, on a retiré $8^{Dl},7$. Que reste-t-il?

6. Un champ avait $3^{ha},17$; une route en a pris 38 ares. Quelle est encore la superficie de ce champ?

7. On veut tapisser une chambre dont les murs ont une surface de $72^{mq},14$; mais les portes, les fenêtres et la cheminée occupent une surface de $16^{mq},5$. Combien faudra-t-il de papier pour tapisser cette chambre?

8. On veut creuser un bassin qui ait une contenance de $56^{mc}37$; quand on a extrait $29^{mc},485$ de terre, combien en a-t-on encore à retirer?

9. Sur une provision de 80 stères de bois, on a brûlé $45^{st},6$. Combien en reste-t-il encore?

10. Un jardin potager a 3247 mètres carrés; les allées prennent $104^{mq},80$. Combien en reste-t-il pour la culture?

11. Un tailleur a acheté une pièce de drap de 58 mètres. Il coupe dans cette pièce 14 pantalons de $1^{m},30$ chacun et deux douzaines de gilets de $0^{m},65$ chacun; quelle quantité de drap reste-t-il à la pièce ?

12. On a retiré 57 litres de vin d'un fût qui contenait 2 hectolitres 28 litres. Que reste-t-il encore?

Multiplication des mesures métriques.

Une livre de sucre coûte 0 fr. 80 c., combien coûteront 42 kilogrammes 8 décagrammes?

42 kilogrammes 8 décagrammes s'écrivent 42 kg. 08.

Si la livre de sucre coûte 0 fr. 80 c., le kilogramme, qui équivaut à 2 livres, coûtera 1 fr. 60 c.

Si 1 kilogr. coûte 1 fr. 60,
42 kg. 08 coûteront 42,08 fois plus
ou 1 fr. 60 $\times$ 42,08 = 67 fr. 328.

---

108. Problèmes.

1. Un mètre de drap coûte 18f,75. Combien coûteront 3m,50?
2. Un mètre d'étoffe coûte 2f,25. Combien coûteront 0m,47?
3. Un train de chemin de fer parcourt 2 myriamètres en 1 heure. Combien parcourra-t-il de kilomètres en 5 heures?
4. On monte à une tour par un escalier dont les marches ont 0m,25 de hauteur. Il y a 268 marches. Quelle est la hauteur de la tour?
5. Pour paver une place, il a fallu 5320 pavés de 4 décimètres carrés. Quelle est la superficie de cette place?
6. Un terrain se vend au prix de 3000 francs l'hectare. Combien coûteraient 20Ha,85a,60ca de ce terrain?
7. Que vaut un champ de 3Ha,26, à raison de 4f,50 le mètre carré?
8. Une pierre à bâtir coûte 23f50 le mètre cube. Combien coûteront 54mc,475?
9. Un ouvrier maçon est payé à raison de 37f,50 le mètre cube. Combien recevra-t-il pour 12mc,475?
10. Un voiturier a conduit 26 voitures de bois, contenant chacune 4st,5. Combien en a-t-il conduit en tout?
11. Un hectolitre de blé coûte 18f,50. Combien coûteront 67 hectolitres?
12. Si le pain coûte 0f,40 le kilog., combien coûteront 3k,560?
13. Une marchandise coûte 15 francs le kilogramme. Combien coûteront 7 hectogrammes?
14. Un train de chemin de fer a une vitesse de 14 mèt. par seconde. Combien parcourra-t-il de kilomètres en une heure?
15. Combien y a-t-il de litres dans 500 flacons, si chacun d'eux contient 25 centilitres?
16. Un terrain coûte 3 fr. 50 le mètre carré; combien coûteront : 1° 48 ares; 2° 6 hect. 7?
17. Un mètre cube de bois d'ébène coûte 2000 fr. : combien coûteront : 1° 475 décimètres cubes; 2° 1248 centimètres cubes?

Division des mesures métriques.

Une pièce de vin de 2 hectolitres 10 litres revient à 63 fr 75 c. A combien revient le litre?

2 hectolitres 10 litres font 210 litres.

Si 210 litres coûtent 63 fr. 75 c.,

1 litre coûtera 210 fois moins
ou 63f, 75 divisé par 210 = 0f, 303.

---

109. Problèmes.

1. On a payé 138f,40 pour 7 mètres d'étoffe. Combien coûte le mètre de cette étoffe?

2. On a payé 49f,75 pour 3m,25 d'une étoffe. Combien coûte le mètre de cette étoffe?

3. Une planche de 3mq,50 a été payée 8f,60. Quel est le prix du mètre carré?

4. Un parquet de 18mq,75 a été carrelé avec des carreaux de 4 décimètres carrés. Combien est-il entré de carreaux?

5. Il faut 12 décimètres carrés de fer-blanc pour faire une casserole. Combien fera-t-on de casseroles avec 3 mètres carrés de fer-blanc?

6. On a partagé une propriété de 230ha,46 en cinq lots égaux. Quelle est la superficie de chaque lot?

7. Pour la pierre employée dans un ouvrage de maçonnerie, on a payé 418f,60, à raison de 5f,20 le mètre cube. Combien a-t-on employé de mètres cubes?

8. On a construit un mur de 46mc,285 en briques de 1dc,200; combien a-t-on employé de briques?

9. Une pompe donne 2mc,500 en 1 heure; quel temps lui faudra-t-il pour remplir un bassin de 18mc,700?

10. Un propriétaire a fait couper 36 arbres qui lui ont donné 104 stères 5 décistères de bois; combien chaque arbre en a-t-il fourni en moyenne?

11. Un hectolitre de vin coûte 35 fr.; combien coûte le litre?

12. Une laitière a vendu son lait à 30 centimes le litre; combien a-t-elle vendu de litres, si elle en a retiré 8f,70?

13. Combien faut-il de bouteilles de 75 centilitres de capacité pour contenir le vin renfermé dans un fût de 2hl,30?

14. On veut renfermer 845 hectolitres de blé dans des sacs qui contiennent 1hl,25; combien faudra-t-il de sacs?

15. On a une pièce de bois dont l'épaisseur est de 0m,42. Combien pourra-t-on en retirer de planches de 0m,035 d'épaisseur?

16. Un escalier de 89 marches conduit à une hauteur de 31m,60; quelle est la hauteur d'une marche?

CHAPITRE VII.

NOTIONS DE GÉOMÉTRIE ET D'ARPENTAGE

APPLIQUÉES A LA MESURE

DES LIGNES, DES SURFACES ET DES VOLUMES USUELS.

251. — La géométrie est la science des **lignes**, des **surfaces**, et des **volumes**.

252. — La *ligne* n'a qu'une seule étendue : la *longueur*.

Telle est une ligne tracée à la plume.

253. — La *surface* a deux étendues : la *longueur* et la *largeur*.

Telle est la surface d'un jardin.

254. — Le *volume* a les trois étendues : la *longueur*, la *largeur* et l'*épaisseur*.

Tel est le volume occupé par une pierre.

I. — DES LIGNES.

Des différentes espèces de lignes.

Lignes droites. — Lignes brisées. — Lignes courbes.

255. — Au point de vue de la forme, la ligne est *droite* ou *brisée*, ou *courbe* (fig. 25, 26, 27).

Fig. 25. Ligne droite. Fig. 26. Ligne brisée. Fig. 27. Ligne courbe.

Un fil bien tendu a la forme d'une ligne droite.

Un mètre pliant à demi ouvert a la forme d'une ligne brisée.

Un arc-en-ciel a la forme d'une ligne courbe.

---

251. Qu'est-ce que la géométrie?
252. Définissez la ligne?
253. Définissez la surface?
254. Définissez le volume?
255. Citez les lignes au point de vue de la forme?

Lignes perpendiculaires, — obliques, — parallèles.

256. — Au point de vue de leurs positions relatives, les lignes droites sont ou *perpendiculaires*, ou *obliques*, ou *parallèles*.

257. — On dit qu'une ligne droite est *perpendiculaire* sur une autre, quand elle ne penche ni d'un côté ni de l'autre (fig. 28).

258. — On dit qu'une ligne est *oblique* sur une autre, quand elle penche plus d'un côté que de l'autre (fig. 29).

Fig. 28. Perpendiculaires. Fig. 29. Obliques. Fig. 30. Parallèles.

259. — On dit que deux droites sont *parallèles*, lorsque placées dans la même direction, elles ne se rencontrent pas, si loin qu'on les prolonge (fig. 30).

Lignes verticales, — horizontales.

260. — Au point de vue de la direction, on dit qu'une ligne est *verticale*, quand elle est *debout*, comme un peuplier bien droit.

Une pierre qu'on laisse tomber suit une ligne *verticale*.

261. — On dit qu'une ligne est *horizontale*, quand elle est *couchée*, comme un bâton flottant.

La surface de l'eau tranquille dans un verre, dans une carafe, dans un baquet, dans une mare, est toujours horizontale.

Comment on trace une ligne droite.

262. — *Sur le papier*. Pour tracer une ligne droite sur le papier, on se sert de la *règle* (fig. 31).

---

256. Citez les lignes au point de vue de leurs positions relatives ?
257. Quand dit-on qu'une ligne droite est perpendiculaire sur une autre ?
258. Quand dit-on qu'une ligne est oblique ?
259. Quand dit-on que deux lignes sont parallèles?
260. Quand dit-on qu'une ligne est verticale ?
261. Quand dit-on qu'une ligne est horizontale ?
262. De quoi se sert-on pour tracer une ligne droite sur le papier?

263. — *Sur une planche.* Pour tracer une ligne droite sur

Fig. 31. Règle plate.

une planche ou sur une poutre qu'on veut scier, on se sert souvent d'une ficelle poudrée de blanc, de rouge ou de noir.

La ficelle étant fortement tendue (fig. 32), on la soulève par le milieu et on la lâche brusquement. La ficelle vient cingler la planche et trace une ligne droite qui sert de guide à la scie.

Fig. 32. La ficelle cingle la planche et trace une ligne droite.

264.— *Sur le terrain.* Pour les petites dimensions, on se sert de longues règles.

Si la longueur est plus considérable, on se sert du cordeau.

Enfin, pour les lignes de grandes dimensions, on se sert de *jalons*. (Voir plus bas, page 122.)

Comment on trace les perpendiculaires.

265. — Pour tracer une ligne perpendiculaire sur une

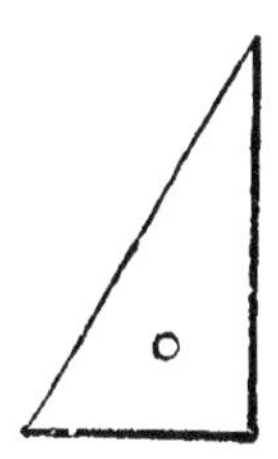

Fig. 33. Équerre.

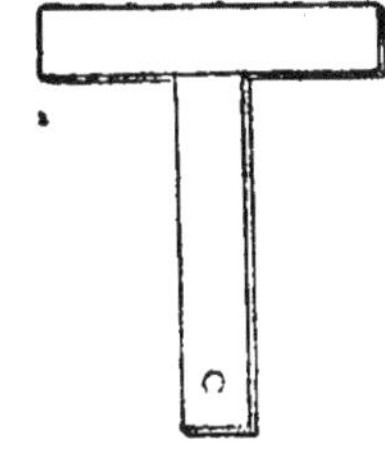

Fig. 34. Té.

autre, on se sert de l'*équerre* en bois et du *té* (fig. 33 et 34).

---

263. Comment trace-t-on une ligne droite sur une planche ?
264. — sur le terrain ?
265. De quoi se sert-on pour tracer une perpendiculaire ?

Comment on construit suivant la verticale.

DU FIL A PLOMB.

266. — Il importe grandement que les maçons, les charpentiers, établissent leurs constructions suivant la verticale ; sinon, murs, maisons et charpentes ne tarderaient pas à s'écrouler.

267. — Pour établir une construction suivant la verticale, autrement dit *d'aplomb*, on fait usage du *fil à plomb*.

268. — Le fil à plomb (fig. 35) se compose tout simplement d'un fil à l'extrémité duquel est attaché un petit morceau de plomb.

Si l'on suspend librement le plomb, la direction marquée par le fil est la verticale.

Fig. 35. Fil à plomb.

Comment on construit suivant l'horizontale.

DU NIVEAU DE MAÇON.

269. — Pour établir une construction dans le sens horizontal, on se sert du *niveau de maçon* (fig. 36).

270. — Le niveau de maçon est une sorte de triangle en bois, au sommet B duquel est attaché un fil à plomb.

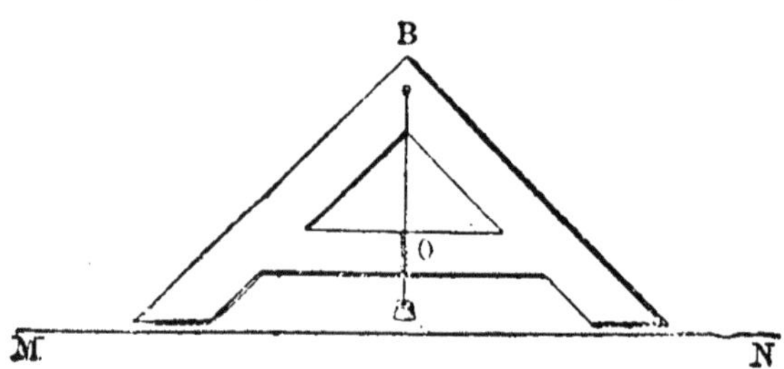

Fig. 36. Le niveau de maçon donne l'horizontale.

L'instrument étant posé sur une construction, sur une poutre MN, par exemple, celle-ci est horizontale quand le fil à plomb tombe juste sur une petite ligne tracée en O, qu'on nomme *ligne de foi*.

---

266. Qu'importe-t-il aux constructeurs de maisons ?

267. De quel instrument fait-on usage ?

268. De quoi se compose le fil à plomb ?

269, 270. Qu'est-ce que le niveau de maçon ?

DES ANGLES.

271. — Deux lignes droites qui se rencontrent torment un **angle.**

272. — Les figures BAC (fig. 37, 38, 39) sont des angles.
Le point de rencontre A est le *sommet* de l'angle.
Les lignes AB, AC sont les *côtés* de l'angle.

273. — Les angles sont *droits*, ou *aigus*, ou *obtus*.

274. — Un angle *droit* est formé par deux lignes perpendiculaires (fig. 37).

275. — Un angle *aigu* est plus petit qu'un angle droit (fig. 38).

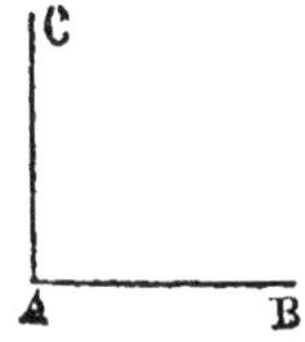

Fig. 37. Angle droit.

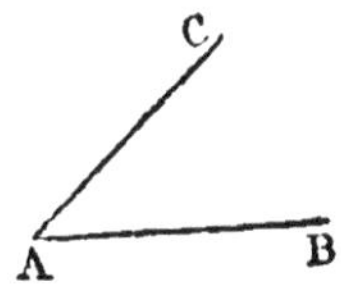

Fig. 38. Angle aigu.

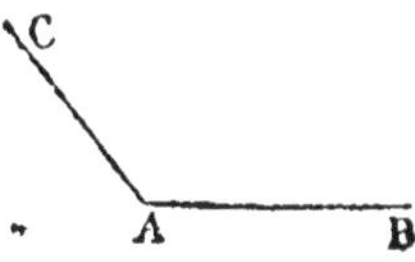

Fig. 39. Angle obtus.

276. — Un angle *obtus* est plus grand qu'un angle droit (fig. 39).

Comment on construit d'équerre.

277. — Construire **d'équerre**, c'est construire suivant un angle droit : les angles des murs, des maisons, des fenêtres, des portes, doivent être d'équerre.

278. — Pour construire d'équerre, les maçons, les menuisiers, les charpentiers, se servent d'une équerre évidée, soit en bois, soit en fer (fig. 40).

Fig. 40. Équerre de maçon.

Ils emploient également le fil à plomb et le niveau.

---

271. Que forment deux lignes droites qui se rencontrent ?
272. Comment appelle-t-on le point de rencontre et les deux lignes ?
273. Quelles sont les trois sortes d'angles ?
274. Qu'est-ce qu'un angle droit ?
275. Qu'est-ce qu'un angle aigu ?
276. Qu'est-ce qu'un angle obtus ?
277. Qu'est-ce que construire d'équerre
278. De quels instruments se sert-on pour construire d'équerre ?

II. — DES SURFACES.

279. — Les principales surfaces géométriques sont le *carré*, le *rectangle*, le *parallélogramme*, le *triangle* et le *polygone*.

280. — On appelle **carré** une figure formée par quatre côtés égaux et quatre angles droits (fig. 41).

Les quatre lignes AB, BC, CD, DA, sont les *côtés* du carré.

281. — On appelle **rectangle** un carré allongé (fig. 42).

Si l'on prend le côté AB pour la *base* du rectangle, le côté BC en est la *hauteur*.

Fig. 41. Carré.

Fig. 42. Rectangle.

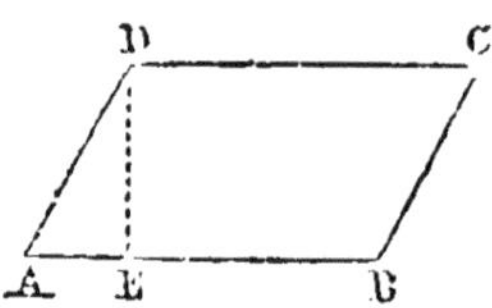

Fig. 43. Parallélogramme.

282. — On appelle **parallélogramme** une figure dont les quatre côtés sont parallèles deux à deux (fig. 43).

Si l'on prend le côté AB pour la *base* du parallélogramme, la perpendiculaire DE, abaissée du point E sur la base, est la *hauteur* du parallélogramme.

283. — On appelle **triangle** une surface terminée par trois lignes droites (fig. 44).

Si l'on prend le côté AB pour la *base* du triangle, la perpendiculaire CD, abaissée du sommet C sur la base, est la *hauteur* du triangle.

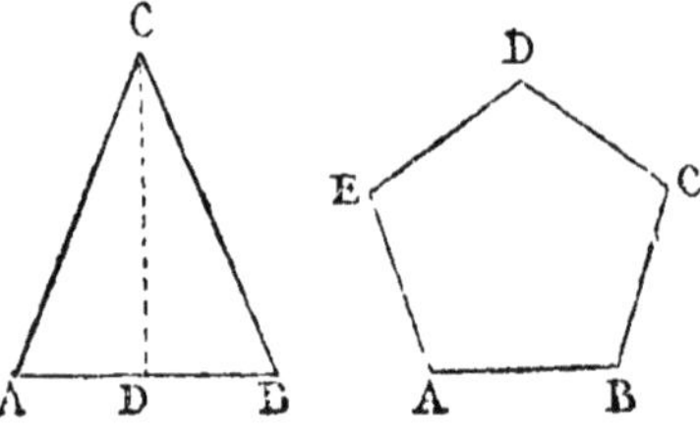

Fig. 44. Triangle. Fig. 45. Polygone.

284. — Le **polygone** est une surface quelconque terminée par des lignes droites (fig. 45).

---

279. Quelles sont les principales surfaces géométriques?
280. Qu'appelle-t-on carré?
281. Qu'appelle-t-on rectangle?
282. Qu'appelle-t-on parallélogramme?
283. Qu'appelle-t-on triangle?
284. Qu'est-ce qu'un polygone?

Comment on mesure les surfaces.

285. — Les surfaces que l'on peut avoir à mesurer ont des formes très variées : telle est la surface d'une cour, d'un jardin, d'un champ, d'un bois, d'un plancher, d'une toiture, etc. Nous n'étudierons ici que la mesure des surfaces principales dont nous venons de parler.

Surface d'un rectangle.

286. — **Règle.** On obtient la surface d'un rectangle en multipliant la base par la hauteur.

Soit le rectangle ABCD (fig. 46).

La base AB a 4 mètres.

La hauteur BC a 3 mètres.

La figure totale se compose de 3 bandes de 4 mètres carrés chacune, soit 3 fois 4 mètres carrés.

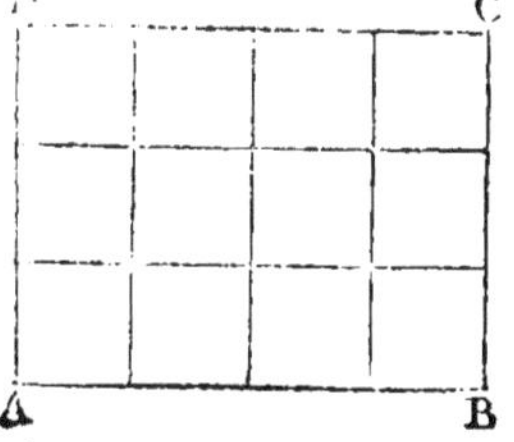

Fig. 46. Surface d'un rectangle.

$$4^{mq} \times 3 = 12^{mq}$$

Surface d'un carré.

287.—**Règle.** Le carré étant un rectangle dont les quatre côtés sont égaux, il s'ensuit qu'on obtient la surface d'un carré en multipliant l'un des côtés par lui-même.

Soit le carré (fig. 47).

La base a 3 mètres.

La hauteur a 3 mètres.

La figure totale se compose de 3 bandes de 3 mètres carrés.

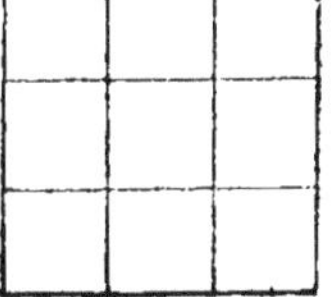

Fig. 47. Surface d'un carré.

Soit $3^{mq} \times 3 = 9^{mq}$ [1].

1. C'est ce qu'on appelle élever un nombre *au carré* $3^2 = 9$.

---

285. Quelles formes ont les surfaces que l'on peut avoir à mesurer?
286. Comment obtient-on la surface d'un rectangle?
287. Comment obtient-on la surface d'un carré?

Surface d'un parallélogramme.

288. — **Règle.** On obtient la surface d'un parallélogramme en multipliant la base par la hauteur.

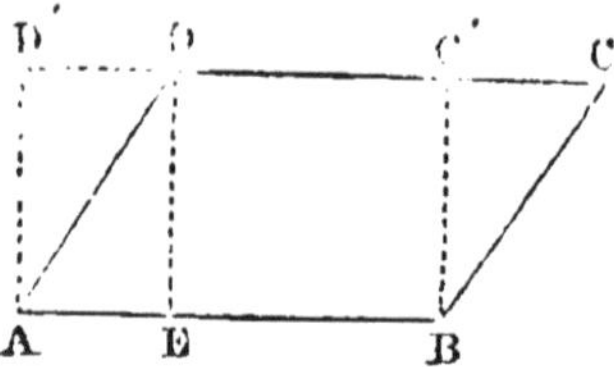

Fig. 48. Surface du parallélogramme.

Soit le parallélogramme ABCD (fig. 48).

La base AB a 5 mètres.

La hauteur DE a 3 mètres.

Si nous construisons sur ce parallélogramme un rectangle ABC'D'[1], nous remarquerons que la surface du parallélogramme est juste égale à celle du rectangle.

Or la surface du rectangle égale $5^{mq} \times 3$.

Donc la surface du parallélogramme égale $5^{mq} \times 3 = 15^{mq}$.

Surface d'un triangle.

289. — **Règle.** On obtient la surface d'un triangle en multipliant sa base par **la moitié** de la hauteur.

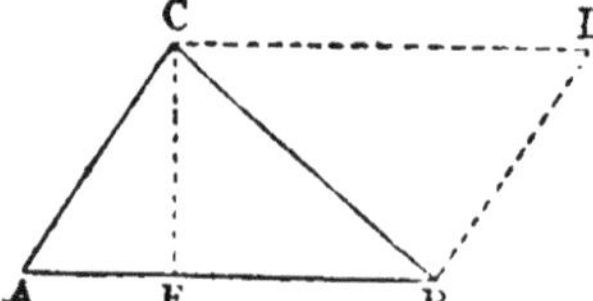

Fig. 49. Surface du triangle.

Soit le triangle ABC (fig. 49).

La base AB a 5 mètres.

La hauteur CE a 3 mètres.

Si nous construisons sur le triangle ABC un parallélogramme ABDC, nous remarquerons que la surface du triangle est juste la moitié de celle du parallélogramme.

Or la surface du parallélogramme égale $5^{mq} \times 3 = 15^{mq}$.

Donc la surface du triangle égale $\frac{5^{mq} \times 3}{2}$[2] $= 7^{mq}\,50$.

Surface d'un polygone.

290. — Un polygone peut toujours être décomposé en triangles ou en d'autres figures faciles à mesurer.

1. Prononcez C prime, D prime.
2. Enoncez : 5 multiplié par 3 divisé par 2 ou sur 2.

---

288. Comment obtient-on la surface d'un parallélogramme?
289. Comment obtient-on la surface d'un triangle?
290. Comment un polygone peut-il se décomposer?

Ainsi, le polygone ABCDE (fig. 50) peut se décomposer en trois triangles EAB, EBC, EDC.

291. — **Règle.** Pour trouver la surface d'un polygone, il suffit de le décomposer en figures faciles à mesurer, de chercher la surface de ces figures et d'en faire la somme.

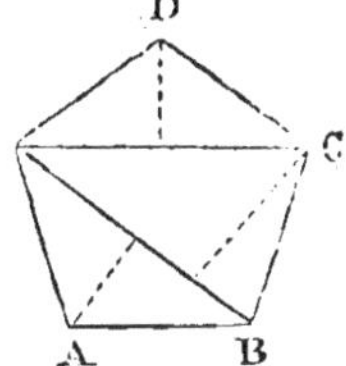

Fig. 50. Polygone.

DE LA MESURE DES SURFACES APPLIQUÉE A L'ARPENTAGE[1].

Observation. En exposant les notions succinctes qui vont suivre, nous n'avons d'autre but que d'initier les élèves aux procédés généraux de l'arpentage, ou, plus justement encore, de leur en faire comprendre le but et l'utilité.

Notre intention est de leur dire : Constatez par vous-mêmes comment on peut obtenir mathématiquement la superficie d'un champ, et n'hésitez pas, lorsqu'il y aura lieu, à vous adresser à l'arpenteur-géomètre.

Le choix d'un arpenteur-géomètre n'est pas chose indifférente. Indépendamment du savoir-faire spécial qu'exigent ses fonctions, l'arpenteur doit être un homme honnête, intègre, soucieux d'opérer, notamment dans un partage de terres, avec loyauté et impartialité, faisant à chacun la part qui lui revient, sans favoriser les uns au détriment des autres. Un arpenteur qui connaît l'importance et la délicatesse de ses fonctions peut éviter à ses clients bien des contestations qui dégénèrent quelquefois en procès, et qui, dans tous les cas, apportent la désunion dans les familles.

292. — **Règle.** Pour arpenter un terrain, il faut savoir :

1° Faire le croquis* du terrain.

2° Tracer des lignes droites sur le terrain.

3° Les mesurer avec la chaîne d'arpenteur.

1° Comment on fait le croquis d'un terrain.

293. — Aussitôt arrivé sur le terrain, l'arpenteur le parcourt

1. *Arpentage* de *arpent*, ancienne mesure agraire qui équivalait ici à 33 mètres carrés environ, là à 50 mètres carrés environ.

---

291. Comment obtient-on la surface d'un polygone?

292. Que faut-il savoir pour arpenter?

et l'examine pour en reconnaître la forme générale. Son examen terminé, il trace sur le papier le *croquis* ou le *dessin approximatif* du terrain.

294. — Si les contours du terrain l'exigent, l'arpenteur trace sur le dessin les lignes qui décomposent le terrain en triangles.

295. — Le croquis sert de base et de guide à l'opérateur; c'est sur le croquis qu'il note les résultats de ses opérations à mesure qu'il les trouve.

2° Comment on trace des lignes droites sur le terrain.

296. — Pour tracer une ligne droite sur le terrain, autrement dit, pour *jalonner* une ligne droite, on se sert de *jalons*.

297. — Le *jalon* (fig. 51) est une baguette de 1^m,50 environ. En pied, elle est taillée en pointe, afin qu'on puisse l'enfoncer dans la terre; en tête, elle est munie d'un morceau de carte qui permet d'apercevoir le jalon à distance.

Fig. 51. Jalon

298. — Soit à jalonner la ligne AB (fig. 52).

L'arpenteur place un premier jalon en A, puis un second en B. Cela fait, se plaçant en M, un peu en avant du jalon A, il vise dans la direction du jalon B, et fait placer les jalons D, C, de telle sorte

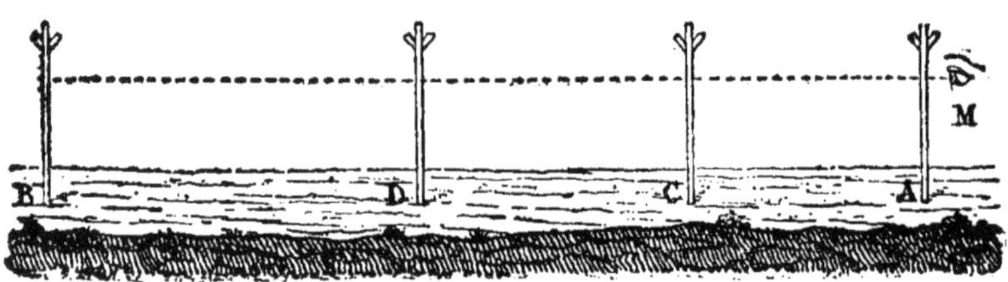

Fig. 52. Comment on jalonne.

que les quatre jalons soient juste sur le même alignement.

293, 294. Que fait l'arpenteur en arrivant sur le terrain?
295. A quoi sert le croquis?
296. De quoi se sert-on pour tracer une ligne droite sur le terrain?
297. Qu'est-ce que le jalon?
298. Comment jalonne-t-on?

3° Comment on mesure une ligne sur le terrain.

DE LA CHAINE D'ARPENTEUR.

299. — Pour mesurer une ligne droite sur le terrain, on se sert de la *chaîne d'arpenteur*, appelée aussi *décamètre-chaîne* (fig. 53).

300. — Le décamètre-chaîne, ainsi que son nom l'indique, est une chaîne de fer qui a *dix* mètres de longueur.

301. — Le décamètre-chaîne se compose de 50 petites tiges de fer appelées *chaînons*, de 20 centimètres de longueur, réunis entre eux par de petits anneaux.

302. — La chaîne se termine à chaque extrémité par une *poignée* dont la longueur est comprise dans celle du dernier chaînon.

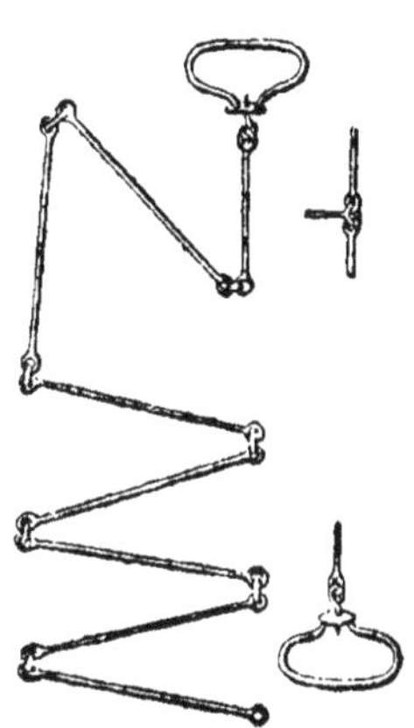

Fig. 53. Décamètre-chaîne.

DES FICHES.

303. — Les *fiches* (fig. 54) sont de petites tiges de fer, de 40 centimètres environ, terminées en pointe d'un côté, et arrondies en anneau de l'autre.

304. — Les fiches sont au nombre de *dix*.

Fig. 54. Fiche.

COMMENT ON OPÈRE.

305. — Soit à mesurer la ligne AB, qu'on a préalablement jalonnée (fig. 55).

L'arpenteur, placé en A, y applique une des poignées de la chaîne. Son aide, tenant en main l'autre poignée et muni des dix fiches, marche en avant, tend la chaîne et plante une première fiche en *c*.

---

299. De quoi se sert-on pour mesurer une ligne droite sur le terrain?
300. Qu'est-ce que le décamètre-chaîne?
301. De quoi se compose-t-il?
302. Comment se termine-t-il?
303. Qu'est-ce que les fiches?
304. Combien y a-t-il de fiches par chaîne?
305. Comment opère-t-on?

Cela fait, l'arpenteur et son aide marchent en avant. Arrivé en *c* l'arpenteur s'arrête, tandis que l'aide plante en *d* une deuxième fiche.

L'arpenteur, en se relevant, prend la fiche *c* et marche de

Fig. 55. Comment on opère.

nouveau. Arrivé en *d*, il s'arrête, tandis que l'aide plante en *e* une troisième fiche.

L'arpenteur en se relevant prend la fiche *d* et marche encore. Arrivé en *e*, il s'arrête. Pendant ce temps l'aide a atteint le terme B de l'opération.

L'arpenteur en se relevant prend la fiche *e*, puis il mesure la fraction de chaîne comprise entre la fiche *e* et le point B (soit $7^m,50$).

L'opération est terminée. L'arpenteur a entre les mains 3 fiches qui représentent chacune dix mètres :

$$10^m \times 3 = 30^m.$$

Soit 30 mètres, auxquels il ajoute $7^m,50$. En tout, $37^m,50$.

Terrain de forme rectangulaire.

306. — Soit à arpenter le terrain ABCD, de forme rectangulaire (fig. 56).

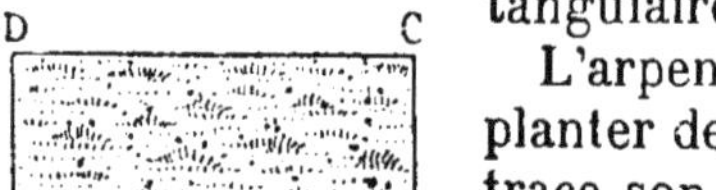

Fig. 56. Terrain rectangulaire.

L'arpenteur parcourt le terrain, fait planter des jalons aux angles ABCD, et trace son croquis.

Il fait jalonner la ligne AB et la ligne CB.

Cela fait, il mesure.

Supposons que la ligne AB donne $37^m 50$ et la ligne CB 18 mètres, la surface totale sera égale à

$$37^{mq},50 \times 18 = 675 \text{ mètres carrés},$$

autrement dit : 6 ares 75 centiares.

---

306. Comment arpente-t-on un terrain de forme rectangulaire ?

Terrain de forme triangulaire.

307. — Soit à arpenter le terrain ABC de forme triangulaire (fig. 57).

L'arpenteur parcourt le terrain, fait planter des jalons aux angles A, B, C, et trace son croquis.

Il fait jalonner la ligne AB et la hauteur CD du triangle[1].

Cela fait, il mesure.

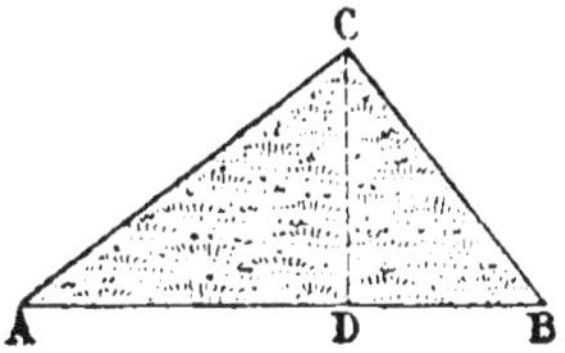

Fig. 57. Terrain triangulaire.

Supposons que la ligne AB donne 22 mètres, et la ligne CD, 9 mètres, la surface totale sera égale à

$$22 \times \frac{9}{2},$$

soit 99 mètres carrés, soit 1 are moins un mètre carré.

Terrain de forme polygonale.

308. — Soit à arpenter un terrain ABCDE de forme polygonale (fig. 58).

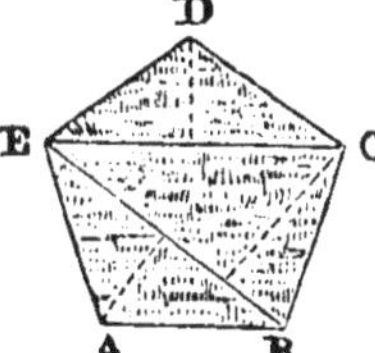

Fig. 58. Terrain polygonal.

L'arpenteur parcourt le terrain, fait planter des jalons aux angles et trace son croquis.

Il décompose la figure en autant de triangles qu'il est utile; il cherche la surface de chacun d'eux et en fait la somme pour avoir la surface totale.

III. — DES VOLUMES.

309. — Le principal volume géométrique est le **cube**.

310. — On appelle *cube* le solide terminé par six carrés égaux.

311. — Nous appellerons *solide cubique* tout solide dont les faces sont des rectangles ou des carrés.

1. On trace la hauteur CD à l'aide d'un instrument appelé *équerre d'arpenteur.*

---

307. Comment arpente-t-on un terrain de forme triangulaire?
308. — de forme polygonale?
309. Quel est le principal volume géométrique?
310. Qu'appelle-t-on cube?
311. Qu'appellerons-nous volume cubique?

312. — *Cuber* un solide, c'est en déterminer le volume.

Mesure d'un solide cubique.

313. — **Règle.** Pour déterminer le volume d'un solide cubique, il faut multiplier entre elles sa longueur, sa largeur et sa hauteur.

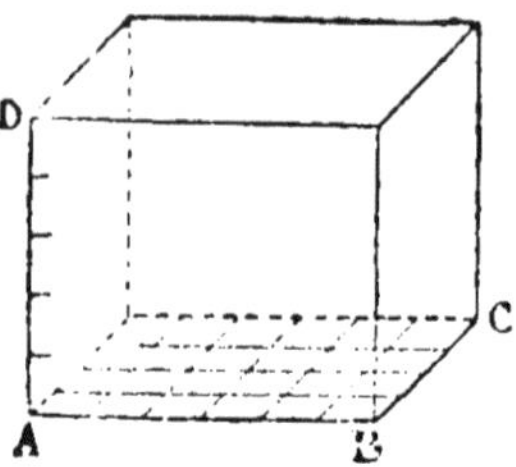

Fig. 59. Mesure d'un solide cubique.

314. — Soit à cuber un solide qui aurait les dimensions suivantes (fig. 59) :

Longueur.. .	AB	=	6	mètres
Largeur	BC	=	4	—
Hauteur.....	AD	=	5	—

D'après la règle, le volume sera :

$$6^{mc} \times 4 \times 5 = 120 \text{ mètres cubes.}$$

En effet, la base donne une première couche de $6^{mc} \times 4$ soit 24 mètres cubes.

Comme il y a 5 couches semblables, la somme totale des mètres cubes est $24^{mc} \times 5 = 120$ mètres cubes.

Mesure du cube proprement dit.

315. — **Règle.** Un cube étant un solide dont tous les côtés sont égaux, il s'ensuit qu'on obtient le volume d'un cube en multipliant l'un des côtés deux fois de suite par luimême.

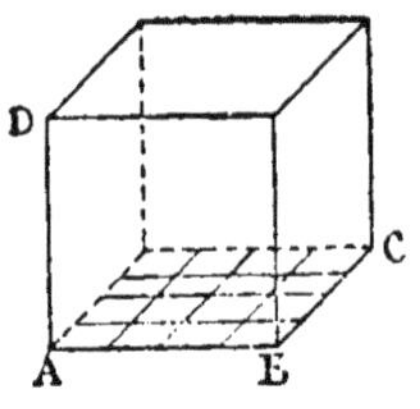

Fig. 60. Mesure d'un cube.

Soit à mesurer le cube (fig. 60) :

Longueur....	AB	=	4	mètres
Largeur.....	BC	=	4	—
Hauteur.....	AD	=	4	—

D'après la règle, le volume sera :

$$4 \times 4 \times 4^{1} = 64 \text{ mètres cubes.}$$

1. C'est ce qu'on appelle élever un nombre *au cube* $4^3 = 64$.

312. Qu'est-ce que cuber un solide?
313. Comment détermine-t-on le volume d'un solide cubique ?
314. Mesurez un solide cubique.
315. Mesurez un cube.

Cubage d'un mur.

316. — Soit à cuber un mur qui aurait les dimensions suivantes (fig. 61) :

Longueur. BC = 12^{m}
Épaisseur. AB = 0^{m}30
Hauteur. . AD = 2^{m}

Le volume total sera :

12 mètres × 0^{m},30 × 2.
Soit 7^{mc}, 200 déc. cubes.

Soit à *jauger* un *réservoir* :

Longueur..... 8^{m}
Largeur....... 4^{m}
Profondeur.... 1^{m},50
La capacité totale sera :

8^{m} × 4 × 1,50.

Soit 48 mètres cubes.

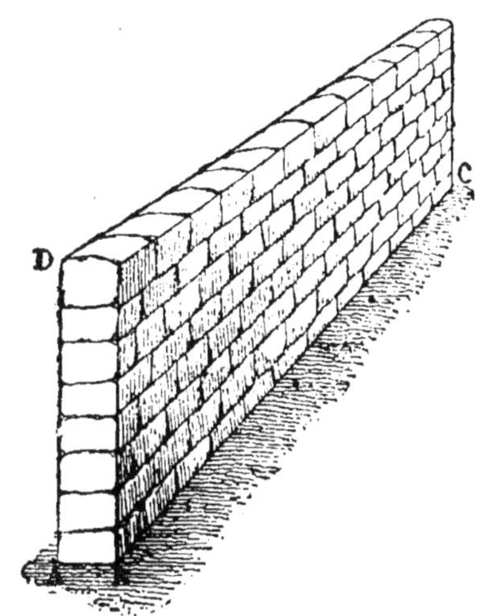

Fig. 61. Cubage d'un mur.

Cubage d'une pièce de bois.

317. — Soit à cuber une pièce de bois qui aurait les dimensions suivantes (fig. 62) :

Longueur. BC = 2^{m},75
Largeur. . AB = 0^{m},45
Hauteur.. AD = 0^{m},45

Le volume sera :
2^{m},75 × 0^{m},45 × 0^{m},45
Soit 0^{mc},556 875 cent. c.
qu'on lit :
0 mètre cube, 556 décimètres cubes, 875 centimètres cubes.

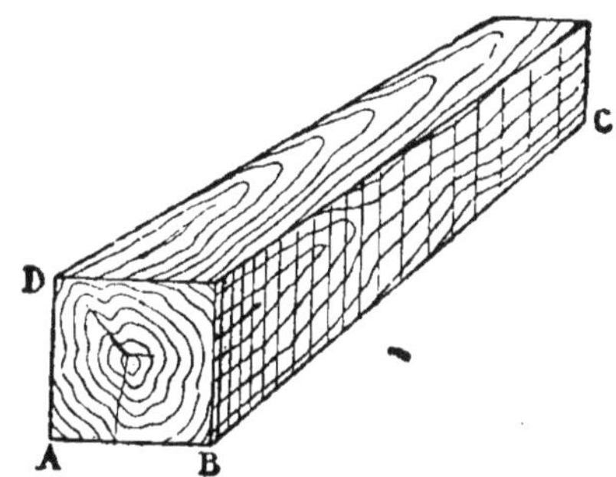

Fig. 62. Cubage d'une pièce de bois.

---

316. Cubez un mur. — Jaugez un réservoir. | 317. Cubez une pièce de bois.

DU CERCLE.

318. — On appelle *circonférence* une ligne courbe dont tous les points sont également éloignés d'un point intérieur O appelé *centre*.

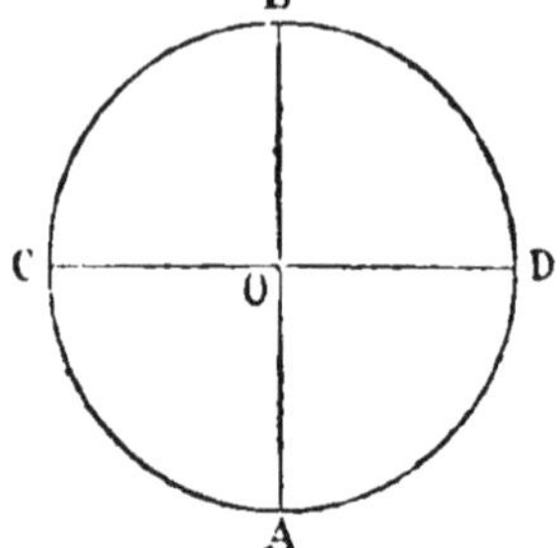

Fig. 63. O, centre. — OC, rayon. — AB, CD, diamètres.

319. — On appelle *cercle* la surface comprise dans la circonférence.

320. — On appelle *rayon* toute ligne droite OC qui va du centre à un point quelconque de la circonférence.

321. — On appelle *diamètre* toute ligne droite AB qui passe par le centre et qui se termine de part et d'autre à la circonférence.

Comment on trace une circonférence.

322. — *Sur le papier*. Pour tracer une circonférence sur le papier, on se sert du compas (fig. 64).

Fig. 64. Compas.

323. — *Sur le terrain*. Pour tracer une circonférence sur le terrain, on se sert d'un cordeau attaché par ses extrémités à deux piquets pointus. On enfonce l'un des piquets au centre, on tend fortement le cordeau, et l'on trace la courbe avec la pointe de l'autre piquet.

Division de la circonférence.

324. — Toute circonférence se divise en 360 *degrés* : 360°.
325. — Chaque degré se divise en 60 *minutes* : 60′.
326. — Chaque minute se divise en 60 *secondes* : 60″.

---

318. Qu'appelle-t-on circonférence?
319. Qu'appelle-t-on cercle ?
320. Qu'appelle-t-on rayon ?
321. Qu'appelle-t-on diamètre ?
322. Comment trace-t-on une circonférence sur le papier ?
323. Sur le terrain?
324. Comment se divise une circonférence?
325. — chaque degré ?
326. — chaque minute?

327. — Par le centre O d'un cercle (fig. 63) traçons deux diamètres AB, CD perpendiculaires; nous obtiendrons ainsi au centre quatre angles droits qui divisent la circonférence en quatre parties égales. Chacune de ces parties équivaut donc au quart de 360°, soit 90°.

Appliquant le degré à la mesure de la grandeur des angles, on pourra dire que l'angle droit a 90°. Et ce sera toujours vrai, quelle que soit la longueur des côtés.

Mesure des angles.

328. — Pour mesurer un angle, on se sert d'un petit instrument en corne ou en cuivre évidé, appelé *rapporteur* (fig. 65).

329. — Le rapporteur est un demi-cercle; comme tel il

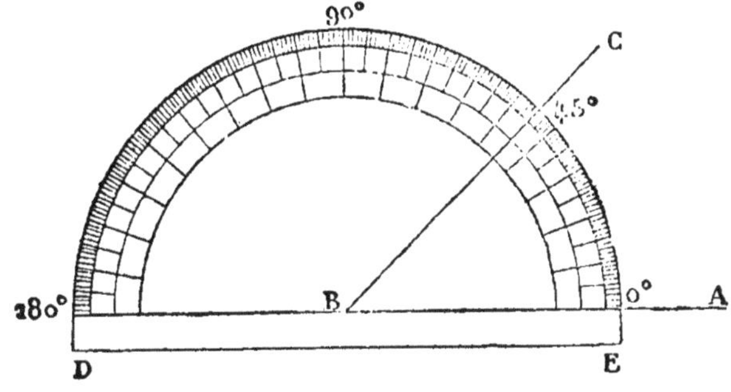

Fig. 65. Rapporteur.

équivaut à la moitié de 360 degrés, soit 180°. Ces 180° sont indiqués sur le bord ou *limbe* du rapporteur, à partir de zéro.

330. — Soit à mesurer l'angle ABC.

On place le rapporteur sur l'angle de manière que le sommet B de l'angle coïncide avec le centre B du rapporteur, et que le côté BA de l'angle coïncide avec le diamètre DE du rapporteur.

Cela fait, on regarde à quelle division du rapporteur correspond le côté BC de l'angle. On trouve ici le nombre 45.

L'angle ABC est donc un angle de 45°, soit la moitié d'un angle droit.

---

327. Démontrez comment un angle droit vaut 90 degrés.
328. De quoi se sert-on pour mesurer un angle ?
329. Qu'est-ce que le rapporteur ?
330. Mesurez un angle.

110. — Problèmes sur les surfaces.

1. Quelle est la surface d'un carré de $13^m,45$ de côté?

2. Quelle est la superficie d'un champ de forme rectangulaire qui a 548^m de longueur et 304^m de largeur. Réponse : 1° en mètres carrés? — 2° en ares?

3. Un triangle a une base de 25^m et une hauteur de 34^m ; quelle est la surface ?

4. Un jardin de forme rectangulaire a 500^m de long et 210 de large. Il y a une allée principale de 2^m de large qui partage le jardin en deux parties égales dans le sens de la longueur : il y en a deux autres de $0^m,75$ de large et de même longueur enfin il y en a huit transversales de $0^m,50$ de largeur. On demande la superficie du terrain cultivé, 1° en mètres carrés; 2° en ares.

5. On veut tapisser une salle qui a 8^m de long, $4^m,50$ de large et une hauteur de $3^m,90$. On emploie des rouleaux de tapisserie qui ont 12^m de longueur et $0^m,55$ de largeur. On demande combien il faudra de rouleaux, si on ne tient compte ni des portes, ni des fenêtres?

6. On veut carreler une salle qui a $4^m,30$ dans un sens et $3^m,75$ dans l'autre, avec des briques carrées de $0^m,28$ de côté; combien faudra-t-il de briques?

7. Pour faire le plancher d'une chambre, on a employé 136 planches de $2^m,15$ de long, sur $0^m,33$ de large. Quelle est la superficie de cette chambre?

8. Un polygone se compose de trois triangles dont les bases sont de $4^m,15$, de $6^m,20$ et de $7^m,30$, et les hauteurs de $1^m,60$, de $2^m,45$ et de $3^m,17$. Quelle est la surface de ce polygone?

111. — Problèmes sur les volumes.

1. Quel est le volume d'un dé à jouer qui a $0^m,012$ de côté?

2. Quel est le volume d'un bâton de craie qui a $0^m,088$ de longueur et $0^m,01$ d'épaisseur dans les deux sens?

3. Quel est le volume d'une boîte qui a $0^m,34$ de longueur, $0^m,21$ de largeur et $0^m,08$ de hauteur?

4. Quel est le volume d'air contenu dans une chambre dont les trois dimensions sont de $6^m,45$, $4^m,83$ et $3^m,90$?

5. Quel est le volume d'une règle qui a $0^m,58$ de longueur, $0^m,04$ de largeur et $0^m,002$ d'épaisseur?

6. Quel est le volume d'une pierre de taille qui a $1^m,7$ de longueur, $0^m,85$ de largeur et $0^m,41$ d'épaisseur?

7. Quel est le volume de la maçonnerie d'un mur qui a 48^m de longueur, $2^m,50$ de hauteur et $0^m,75$ d'épaisseur?

8. Une caisse a $0^m,80$ de long, $0^m,55$ de large et $0^m,32$ de hauteur. Combien pourra-t-on y faire entrer de boîtes ayant $0^m,08$ de long, $0^m,055$ de large et $0^m,032$ de hauteur?

CHAPITRE VIII.

MOYENNES.

331. — On appelle **moyenne** entre 2 nombres la somme de ces 2 nombres divisée par 2.

332. — On appelle moyenne entre 3 nombres la somme de ces 3 nombres divisée par 3.

333. — On appelle moyenne entre 10 nombres la somme de ces 10 nombres divisée par 10, et ainsi de suite.

Problème raisonné.

Un enfant a gagné 6 bons points le lundi, 12 le mardi, 3 le mercredi, 5 le jeudi, 17 le vendredi, 5 le samedi. Combien, en moyenne, a-t-il reçu de bons points par jour?

Je fais la somme des bons points gagnés pendant les 6 jours.

$$6 + 12 + 3 + 5 + 17 + 5 = 48.$$

Divisant 48 par le nombre de jours, 6, je trouve 8.

L'enfant a donc gagné 8 bons points *en moyenne* par jour.

---

112. — Problèmes.

1. Quelle est la moyenne des nombres 7, 11, 15 et 19?

2. Il est né dans une commune 142 enfants dans une année, 153 l'année suivante, 130 la 3ᵉ année, 119 la 4ᵉ année, et 144 la 5ᵉ année. Quelle est la moyenne des naissances par an?

3. Une personne a dépensé 187 fr. dans un mois, 209 fr. le mois suivant, et 183 fr. le 3ᵉ mois. Quelle a été sa dépense moyenne par mois?

4. On a mesuré une distance à 3 reprises différentes; on a trouvé la 1ʳᵉ fois $29^{m},50$, la 2ᵉ $28^{m},85$, la 3ᵉ $29^{m},15$. Quelle est la longueur probable de cette distance?

5. Un négociant a fait le lundi une recette de 850 fr., le mardi de 1060 fr., le mercredi de $504^{f},80$, le jeudi de $1887^{f},20$, le vendredi de $419^{f},95$, et le samedi de $2041^{f},70$. Quelle est la moyenne de ses recettes par jour pendant cette semaine?

331-333. Qu'appelez-vous moyenne entre 2 nombres, — entre 3 nombres, — entre 4 nombres?

CHAPITRE IX.

DES FRACTIONS.

334. — Supposons une pomme partagée en douze parties égales.

Chaque partie s'appellera *un douzième* de pomme :

en chiffres $\frac{1}{12}$.

Si on prend *cinq* de ces parties on aura *cinq douzièmes* de pomme :

en chiffres $\frac{5}{12}$.

$\frac{1}{12}$, $\frac{5}{12}$ sont des *fractions.*

335. — Comme on le voit, on représente une fraction à l'aide de deux nombres qu'on place l'un au-dessous de l'autre et qu'on sépare par un petit trait.

336. — Le nombre supérieur est le *numérateur.*

337. — Le nombre inférieur est le *dénominateur.*

Comment on énonce une fraction.

338. — Pour énoncer une fraction, on énonce d'abord le numérateur, puis le dénominateur, qu'on fait suivre de la terminaison *ième.*

Ainsi $\frac{8}{10}$ $\frac{24}{38}$ $\frac{3}{5}$

s'énoncent : 8 *dixièmes,* 24 *trente-huitièmes,* 3 *cinquièmes.*

339. — Par exception, les dénominateurs 2, 3, 4, s'énoncent **demi, tiers, quart.**

Ainsi $\frac{1}{2}$ $\frac{2}{3}$ $\frac{3}{4}$

s'énoncent : *un demi,* *deux tiers,* *trois quarts.*

---

334. Dites un mot sur les fractions.
335. Comment représente-t-on une fraction?
336. Comment s'appelle le nombre supérieur?
337. Comment s'appelle le nombre inférieur?
338. Comment énonce-t-on une fraction?
339. Quelles sont les trois exceptions?

Une fraction peut être inférieure, égale ou supérieure à l'unité.

340. — Je suppose deux pommes divisées chacune en douze parties égales, j'aurai en tout 24 douzièmes : en chiffres $\frac{24}{12}$.

Si je prends $\frac{4}{12}$, $\frac{6}{12}$, j'aurai moins qu'une pomme.

Si je prends $\frac{12}{12}$, j'aurai juste une pomme.

Si je prends $\frac{16}{12}$, j'aurai plus qu'une pomme.

Si je prends $\frac{24}{12}$, j'aurai juste deux pommes, etc.

Comment on rend une fraction 2, 3, 4 fois plus grande

341. — **Règle.** Pour rendre une fraction 2, 3, 4.... fois plus grande, on multiplie son *numérateur* par 2, 3, 4.

Ainsi $2 \text{ fois } \frac{5}{12} = \frac{2 \times 5}{12} = \frac{10}{12}$.

Comment on rend une fraction 2, 3, 4 fois plus petite.

342. — **Règle.** Pour rendre une fraction 2, 3, 4.... fois plus petite, on multiplie son *dénominateur* par 2, 3, 4....

Ainsi $\frac{5}{12}$ divisé par $2 = \frac{5}{12 \times 2} = \frac{5}{24}$.

---

113. — Exercice.

1. Énoncez les fractions suivantes :

$$\frac{2}{10}, \frac{3}{4}, \frac{5}{8}, \frac{9}{13}, \frac{14}{20}, \frac{18}{30}, \frac{1}{4}, \frac{9}{11}, \frac{4}{7}.$$

2. Rendez ces fractions 3 fois plus grandes.
3. Rendez-les 8 fois plus grandes.
4. Rendez-les 3 fois plus petites.
5. Rendez-les 10 fois plus petites.
6. Rendez-les 100 fois plus grandes.
7. Comment représente-t-on une fraction ?

---

340. Parlez de deux pommes divisées chacune en douze douzièmes.
341. Comment rend-on une fraction 2, 3, 4.... fois plus grande ?
342. — 2, 3, 4... fois plus petite?

CHAPITRE X.

DE LA RÉDUCTION A L'UNITE.

Réduction à l'unité appliquée à la Règle de trois.

Problème raisonné.

5 mètres d'étoffe ont coûté 20 fr. Combien coûteront 3 mètres de la même étoffe ?

Puisque 5 mètres ont coûté .... 20 fr.

1 mètre coûtera 5 fois moins, ou............ $\frac{20^f}{5}$

3 mètres coûteront 3 fois plus, ou........... $\frac{20^f \times 3}{5}$

En effectuant l'opération, on trouve que

$$\frac{20^f \times 3}{5} = \frac{60^f}{5} = 12 \text{ fr.}$$

---

114. Problèmes.

1. Un tailleur a payé 60 francs 4 mètres d'étoffe, combien lui coûteront 35 mètres de la même étoffe?

2. 7 ouvriers ont mis un certain temps pour bêcher un terrain contenant 28 ares, combien 13 ouvriers auraient-ils bêché d'ares dans le même temps?

3. 243 tombereaux de terre ont suffi pour combler un trou de 486 mètres cubes, combien faudra-t-il de tombereaux pour combler un trou de 806 mètres cubes?

4. On a acheté 13 kil. de sucre pour 16 fr. 90, combien payerait-on 59 kil. de sucre?

5. En 6 jours un courrier a parcouru 102 kilomètres, combien parcourra-t-il de kilomètres en 20 jours?

6. Une compagnie de chemin de fer prend 18 fr. 75 pour transporter 100 kilogrammes d'une ville à une autre, combien prendra-t-elle pour transporter 2649 kilogrammes?

7. Un ouvrier a reçu 27 francs pour 6 journées de travail, combien recevra-t-il en un mois s'il travaille 25 jours?

8. Une batterie* d'artillerie a tiré 621 coups en 3 heures, combien aurait-elle tiré de coups en 10 heures?

9. Un voyageur paye sur un chemin de fer 37 fr. 40 pour 400 kilomètres, que payerait-il pour 260 kilomètres?

10. Quelle est la hauteur d'un monument qui donne 160 mètres d'ombre à l'heure où l'ombre d'un homme de $1^m,65$ est de $3^m,50$?

Réduction à l'unité appliquée à la Remise.

343. — On appelle *remise* la réduction que fait un vendeur sur le prix de sa marchandise, soit pour compenser certaines défectuosités, soit pour engager l'acheteur à augmenter l'importance de son acquisition, soit enfin pour l'intéresser à payer comptant.

344. — Dans ce dernier cas, la remise prend le nom de *remise au comptant*, ou encore d'*escompte au comptant.*

Problème raisonné.

Un marchand accorde 3 p. 0/0 [1] de remise sur une somme de 350 fr. payée comptant. Quel sera le montant de la remise?

Si 100 fr. ont droit à une remise de.............. 3 fr.

1 fr. aura droit à une remise 100 fois moindre, ou $\frac{3^f}{100}$

350 fr. auront droit à une remise 350 fois plus grande ou $\frac{3^f \times 350}{100} = 10$ fr. 50 qui, déduits de 350 fr., donnent 339 fr. 50.

115. Problèmes.

1. Un marchand fait une remise de 3 pour 100 sur le prix de sa marchandise. Combien doit-on payer pour une facture de 450 fr.?
2. Quel est le prix de 35 mètres de drap à 18 fr. le mètre, avec remise de 7 pour 100?
3. Quel est le prix de 12 mètres de flanelle à 5 fr. 40 cent. le mètre avec remise de 6 pour 100?
4. Quel est le prix de 325 kilog. de marchandises à 2 fr. 75 cent. le kilog. avec remise de 5 pour 100?
5. Quel est le prix de 72 mètres de toile à 3 fr. 10 cent. le mètre avec remise de 3 fr. 50 cent. pour 100?
6. Quelle sera la remise sur 84 fr. 50 cent. au taux de 3 pour 100?
7. Quelle sera la remise sur 3?8 fr. 60 cent. au taux de 3,50 pour 100?
8. Une marchandise coûte 18 fr. 75 cent. Combien faut-il la revendre pour gagner 15 pour 100?

1. L'expression 3 p. 0/0 (lisez 3 pour 100) de remise signifie qu'on diminuera 3 francs pour 100 francs.

43. Qu'appelle-t-on remise? | 344. Quel autre nom prend-elle?

Réduction à l'unité appliquée aux primes d'assurance contre l'incendie.

345. — On appelle *prime d'assurance* la somme versée par un assuré à une compagnie d'assurances en échange de la garantie que celle-ci lui accorde contre les risques de l'incendie.

346. — Tantôt la prime *varie* : peu élevée lorsque les désastres sont peu nombreux ; plus élevée lorsque les désastres sont ou nombreux ou considérables : c'est l'*assurance mutuelle.*

347. — Tantôt, et c'est le plus souvent, la prime est *fixe*, quels que soient les désastres de l'année : c'est l'*assurance à prime.*

348. — On peut assurer non-seulement les maisons, mais le mobilier, les moissons, les forêts.

349. — L'assurance contre les risques si nombreux de l'incendie est une mesure de prudence qu'on ne saurait trop encourager. Que de gens se sont vus ruinés en quelques heures, faute d'avoir su sacrifier une très minime somme chaque année !

350. — Il y a encore beaucoup d'autres genres d'assurances : assurances contre la grêle, contre les maladies des bestiaux, contre la perte des navires.

351. — On peut aussi rattacher aux assurances les versements annuels moyennant lesquels un homme peut s'amasser un revenu pour sa vieillesse, ou laisser après sa mort à sa femme ou à ses enfants une rente qui les aide à vivre.

---

116. Problèmes.

1. On assure contre l'incendie une maison de 50000 fr. à 0 fr. 40 pour 1000 fr. Quelle est la prime d'assurance?
2. Combien coûtera l'assurance d'une maison qui vaut 140000 fr., à raison de 0 fr. 25 pour 1000 fr. ?
3. Un navire est assuré 125000 fr. à raison de 4 fr. 80 pour cent. A combien se monte la prime d'assurance?
4. On assure une maison de 25000 fr. moyennant 0 fr. 55 pour 1000 fr. Quelle est la prime d'assurance?

---

345. Qu'appelle-t-on prime d'assurance?
346. La prime varie-t-elle ?
347 Peut-elle être fixe?
348. Que peut-on assurer ?
349. Que penser de l'assurance?
350. Quels sont les autres genres d'assurances?
351. Que rattache-t-on encore aux assurances?

Réduction à l'unité appliquée aux règles d'intérêts.

352. — Toute somme d'argent prêtée produit un certain bénéfice.

353. — La somme prêtée s'appelle *capital.*

354. — Le bénéfice s'appelle *intérêt.*

355. — Appliqué à un capital de 100 francs, l'intérêt annuel prend le nom de *taux.*

356. — Le taux légal est de 5 fr. pour cent fr. (5 p. 0/0).

357. — Dans le commerce il peut atteindre 6 fr. pour cent fr. (6 p. 0/0).

358. — Plus élevé, le taux devient un profit illégitime que la loi peut atteindre et qu'on flétrit du nom d'*usure.*

Problème raisonné. — CHERCHER L'INTÉRÊT PAR AN.

100 francs rapportant 5 fr. par an, que rapporteront 840 fr.?

Puisque 100 francs rapportent.................. 5 fr.

1 franc rapportera 100 fois moins ou............ $\frac{5^f}{100}$

840 francs rapporteront 840 fois plus ou.......... $\frac{5^f \times 840}{100}$

En effectuant on trouve que

$$\frac{5^f \times 840}{100} = \frac{4200^f}{100} = 42 \text{ fr.}$$

840 fr. placés à 5 pour cent rapportent en un an 42 fr.

117. Problèmes.

1. Quel est l'intérêt annuel de 200 fr. à 5 fr. p. 100?
2. Quel est l'intérêt annuel de 500 fr. à 5 fr. p. 100?
3. Quel est l'intérêt annuel de 800 fr. à 5 fr. p. 100?
4. Quel est l'intérêt annuel de 1000 fr. à 5 fr. p. 100?
5. Quel est l'intérêt annuel de 10 000 fr. à 5 fr. p. 100?
6. Quel est l'intérêt annuel de 358 fr. à 3 fr. p. 100?
7. Quel est l'intérêt annuel de 467 fr. à 4 fr. 50 p. 100?
8. Quel est l'intérêt annuel de 6328 fr. à 5 fr. 25 p. 100?
9. Quel est l'intérêt annuel de 20 000 fr. à 6 fr. p. 100?
10. Quel est l'intérêt annuel de 50 000 fr. à 5 fr. 50 p. 100?

352. Que produit toute somme prêtée?
353. Comment s'appelle la somme prêtée?
354. — le bénéfice?
355. — l'intérêt de 100 fr. par an?
356. Quel est le taux légal?
357. Quel est le taux commercial?
358. Que devient le taux plus élevé?

Problème raisonné. — CHERCHER L'INTÉRÊT PAR MOIS.

100 francs rapportent 6 francs en un an : que rapporteront 1700 francs en 8 mois ?

Puisque 100 francs rapportent par an........ 6^f

1 franc rapportera 100 fois moins ou.......... $\frac{6^f}{100}$

1700 francs rapporteront 1700 fois plus ou........ $\frac{6^f \times 1700}{100}$

Tel est l'intérêt de 1700 fr. en un an ou 12 mois ; mais il s'agit de trouver l'intérêt de cette somme en 8 mois. Continuons :

Puisque en 12 mois 1700 francs rapportent.. $\frac{6^f \times 1700}{100}$

en 1 mois ils rapporteront 12 fois moins ou.. $\frac{6^f \times 1700}{100 \times 12}$

en 8 mois ils rapporteront 8 fois plus ou.. $\frac{6^f \times 1700 \times 8}{100 \times 12}$

En effectuant on trouve que :

$$\frac{6^f \times 1700 \times 8}{100 \times 12} = \frac{81600^f}{1200} = 68 \text{ fr.}$$

1700 francs placés à 6 p. 100 rapporteront en 8 mois 68 fr.

---

118. Problèmes.

1. Quel est l'intérêt de 120 fr. placés à 5 p. 100 pendant 3 ans?
2. Quel est l'intérêt de 500 fr. placés à 6 p. 100 pendant 15 mois?
3. Quel est l'intérêt de 315 fr. à 5 fr. 50 p. 100 pendant 9 mois?
4. Quel est l'intérêt de 387 fr. 65 à 5 fr. p. 100 pendant 1 an?
5. Quel est l'intérêt de 615 fr. 90 à 5 fr. 25 p. 100 pendant 2 ans?
6. Quel est l'intérêt de 1000 fr. à 8 fr. p. 100 pendant 7 mois?
7. Quel est l'intérêt à 6 fr. p. 100 de 1840 fr. pendant un an?
8. Quel est l'intérêt à 6 fr. p. 100 de 360 fr. pendant 5 ans?
9. Quel est l'intérêt à 6 fr. p. 100 de 728 fr. 40 c. pendant 4 mois?
10. Quel est l'intérêt à 6 fr. p. 100 de 1050 fr. pendant 1 an et 8 mois?
11. Quel est l'intérêt à 5 fr. p. 100 de 100 000 fr. pendant un an?
12. Quel est l'intérêt à 5 fr. p. 100 de 20 000 fr. pendant 3 ans?
13. Quel est l'intérêt à 5 fr. p. 100 de 60 000 fr. pendant 7 mois?
14. Quel est l'intérêt à 5 fr. p. 100 de 8524 fr. pendant un an?
15. Quel est l'intérêt à 6 fr. p. 100 de 100 fr. pendant 100 jours?

Problème raisonné. — CHERCHER L'INTÉRÊT PAR JOUR.

100 francs rapportent $4^f,50$ en un an, que rapporteront 650 francs en 52 jours?

Puisque 100 francs rapportent par an.. $4^f,50$

1 franc rapportera 100 fois moins ou. $\frac{4^f,50}{100}$

650 francs rapporteront 650 fois plus, ou. $\frac{4^f,50 \times 650}{100}$

Tel est l'intérêt de 650 francs en un an ou 360 jours[1]; mais il s'agit de trouver l'intérêt de cette somme en 52 jours. Continuons :

Puisque en 360 jours 650 fr. rapportent $\frac{4^f,50 \times 650}{100}$

en 1 jour ils rapporteront 360 fois moins. $\frac{4^f,50 \times 650}{100 \times 360}$

en 52 jours ils rapporteront 52 fois plus ou $\frac{4^f,50 \times 650 \times 52}{100 \times 360}$

En effectuant on trouve que :

$$\frac{4^f,50 \times 650 \times 52}{100 \times 360} = \frac{152100^f}{36000} = \frac{1521^f}{360} = 4^f,225.$$

650 francs placés à 4 et demi pour cent rapporteront en 52 jours $4^f,25$.

---

119. Problèmes.

1. Quel est l'intérêt à 6 fr. p. 100 de 935 fr. 60 pendant 43 j.?
2. Quel est l'intérêt à 6 fr. p. 100 de 1000 fr. pendant 2 ans 3 mois et 27 jours?
3. Quel est l'intérêt à 4 fr. 50 p. 100 de 1580 fr. pendant 6 ans?
4. Quel est l'intérêt à 5 fr. 25 p. 100 de 2000 fr. pendant 11 mois et 5 jours?
5. Quel est l'intérêt à 6 fr. 75 p. 100 de 430 fr. pendant 18 jours?
6. Quel est l'intérêt à 3 fr. p. 100 de 639 fr. 20 pendant 90 jours?
7. Quel est l'intérêt de 1 000 000 à 5 fr. p. 100 pendant 310 jours?
8. Quel est l'intérêt de 250 fr. à 6 fr. 50 p. 100 pendant 60 jours
9. Quel est l'intérêt de 420 fr. à 5 fr. p. 100 pendant 8 jours?
10. Quel est l'intérêt de 125 fr. à 6 fr. p. 100 pendant 2 mois et 10 jours?

1. Dans les questions d'intérêt, on ne compte que 360 jours à l'année au lieu de 365.

La réduction à l'unité appliquée au calcul de l'escompte.

359. — L'*escompte* est la retenue faite sur une somme payée avant l'*échéance*.

360.— Dans le commerce, il arrive souvent que l'acheteur, au lieu de payer la marchandise en argent, remet au vendeur un *billet* par lequel il s'engage à payer le prix de la marchandise dans 1 mois, 2 mois, 3 mois, ou, comme on dit encore, à 30 jours, à 60 jours, à 90 jours, quelquefois à une plus longue échéance.

361. — Si le vendeur qui a reçu ce billet a besoin d'argent immédiatement, il va le faire *escompter* chez un banquier, c'est-à-dire qu'il donne le billet au banquier, et reçoit en échange une somme d'argent, un peu plus faible que celle qui est portée sur le billet. La retenue que fait le banquier se nomme l'*escompte*.

Problème raisonné.

Un billet de 355 fr. est payable dans 70 jours; quel serait l'escompte de ce billet?

L'escompte de 100 fr. pour 360 jours est de.... 6 fr.

L'escompte de 1 fr. pour 360 jours serait de. $\frac{6^f}{100}$

L'escompte de 1 fr. pour 1 jour serait de.... $\frac{6^f}{100 \times 360}$

L'escompte de 355 fr. pour 1 jour serait de... $\frac{6^f \times 355}{100 \times 360}$

L'escompte de 355 fr. pour 70 jours serait de

$$\frac{6^f \times 355 \times 70}{100 \times 360} = 4^f,15.$$

Le banquier ne donnerait que 355 fr. — $4^f,15 = 350^f,85$.

---

120. Problèmes.

1. Quel escompte prendra un banquier pour un billet de 156 fr. payable à 90 jours, au taux de 6 pour 100?

2. Quel sera l'escompte d'un billet de 245 fr. payable dans 60 jours, au taux de 6 pour 100?

3. Quel sera l'escompte de 360 fr. payables à 6 mois de date, au taux de 6,50 pour 100? (On compte 30 jours au mois.)

---

359. Qu'est-ce que l'escompte?
360. Qu'arrive-t-il souvent dans le commerce?
361. Que fait le vendeur?

De la caisse d'épargne.

Dépensez un sou de moins par jour
que votre bénéfice net.
FRANKLIN.

362. — Les **caisses d'épargne** servent à recueillir et à faire fructifier les petites économies. Le cultivateur, l'ouvrier, l'employé ne peuvent pas tous acheter des rentes, ni placer leur argent chez un banquier; or il arrive souvent que faute de placement pour les économies qu'ils pourraient faire, ils dissipent en dépenses inutiles l'argent qui leur reste.

Les caisses d'épargne préviennent ce danger en recevant les moindres sommes, moyennant un intérêt de 3 1/2 p. 100.

Cette institution excite le travailleur, le jeune homme surtout, à faire des épargnes; par là elle lui assure une ressource dans l'avenir ou pour les mauvais jours, et le moralise en lui donnant des habitudes de prévoyance et d'économie.

On ne saurait croire combien un livret de caisse d'épargne encourage l'ouvrier au travail; pendant qu'il se fatigue, pendant qu'il se repose, son petit pécule s'augmente de lui-même; et s'il a soin d'aller y ajouter régulièrement ses économies, si minimes qu'elles soient, il s'assure pour sa vieillesse une petite rente qui le met à l'abri du besoin.

Aujourd'hui on trouve des caisses d'épargne dans chaque localité un peu importante.

---

121. Problèmes.

(On groupera les sommes par années et l'on calculera les intérêts simples à raison de 3 fr. 50 p. 100.)

1. Un ouvrier porte chaque semaine 3 fr. à la caisse d'épargne pendant 3 ans. Quel capital possédera-t-il à cette époque? (On compte 52 semaines dans l'année.)

2. Un charpentier gagne 5 fr. par jour, sur lesquels il ne dépense que 4 fr. Chaque mois il va porter la différence à la caisse d'épargne. Quelle somme possédera-t-il au bout de 4 ans? (On comptera 26 jours par mois.)

3. Un père de famille place régulièrement à la caisse d'épargne, au nom de son fils unique, 5 fr. par mois pendant 5 ans. De quel capital pourra-t-il disposer à cette époque?

---

362. Qu'est-ce que les caisses d'épargne?

De l'économie et du bon emploi de l'argent.

Que la probité et le travail soient
vos compagnons assidus. FRANKLIN.

363. — Souvenez-vous que l'argent est de nature à se multiplier par lui-même. *Huit sous* mis de côté par jour font cent cinquante francs au bout de l'année.

Lorsque vous avez emprunté de l'argent, ne le gardez jamais au delà du terme où vous avez promis de le rendre, de peur qu'une inexactitude ne vous ferme pour toujours la bourse de votre ami.

Les moindres actions sont à observer en fait de crédit. Le bruit de votre marteau qui, à cinq heures du matin ou à neuf heures du soir, frappe l'oreille de votre créancier, le rend facile pour six mois de plus ; mais s'il vous voit à un billard, s'il entend votre voix au cabaret, lorsque vous devriez être à l'ouvrage, il envoie chercher son argent dès le lendemain.

Pour vous mettre en garde contre les surprises, tenez à mesure un compte exact tant de votre dépense que de votre recette. Si vous prenez la peine de mentionner jusqu'aux moindres détails, vous en éprouverez de bons effets. Vous découvrirez avec quelle étonnante rapidité une addition de menues dépenses monte à une somme considérable, et vous reconnaîtrez combien vous auriez pu économiser par le passé, combien vous pouvez économiser pour l'avenir.

Tout, dans le chemin de la fortune, dépend de trois mots : *probité*, *travail*, *économie*. Sans probité, sans travail et sans économie vous ne ferez rien de bon. Celui qui gagne tout ce qu'il peut gagner honnêtement, et qui épargne tout ce qu'il peut épargner sans avarice, ne peut manquer d'acquérir une petite aisance pour ses vieux jours.

Assurances sur la vie.

364. — Voici un groupe de cinq personnes : trois enfants, le père et la mère. Tous sont heureux. Ce n'est pas qu'ils possèdent déjà une fortune acquise ; mais ils sont sur la voie de cette fortune, ils ont l'espérance. Le père est actif, laborieux, et, en attendant mieux, il sait procurer l'aisance autour de lui.

Mais la mort vient le frapper brusquement. Dans ce grand deuil, que devient la famille ? Sa ruine sera complète, si celui qui vient de lui être enlevé n'est pas assuré. Si, au contraire, prévoyant et économe, il a eu l'heureuse inspiration de confier une partie de ses épargnes à l'assurance, alors tout est changé. Certainement, il a été enlevé pour toujours à l'affection des siens; mais ce capital, cette fortune vers lesquels tendaient tous ses efforts, qui devaient faire subsister sa famille, et qu'il n'a pu acquérir, l'assurance les a créés pour lui.

L'assurance sur la vie offre plusieurs combinaisons qui varient suivant l'âge, la situation de fortune, les préférences de chacun. Voici un exemple des cas qui se présentent le plus souvent.

PREMIER EXEMPLE. — M. A..., âgé de 28 ans, veut garantir à sa famille, au moment de son décès, une somme de 5000 francs; il n'aura à payer que 30 francs par trimestre.

DEUXIÈME EXEMPLE. — Un fils, devenu par sa position le seul soutien de sa mère, craint de la laisser sans ressources, s'il meurt avant elle. Il a 30 ans, et sa mère est âgée de 60 ans. Il contracte alors une assurance au profit de sa mère, et, moyennant le paiement d'une prime annelle de 116 fr. 50, il lui laissera, s'il meurt avant elle, une rente viagère de 1 000 francs.

TROISIÈME EXEMPLE. — Un homme de 32 ans veut s'assurer pour sa vieillesse un capital qui le mette à l'abri du besoin. En versant 373 francs par an, il recevra à l'âge de 52 ans une somme de 10 000 francs. S'il vient à mourir avant cette époque, les primes annuelles cesseront d'être dues, mais sa famille n'en touchera pas moins les 10 000 francs à l'époque fixée.

Dans ces différentes opérations, ce ne sont pas seulement les capitaux acquis qu'il faut considérer. Ce qu'il faut remarquer surtout, c'est que ces épargnes annuelles auront pour effet immédiat de faire naître et de développer dans la famille cet esprit d'ordre, d'économie et de prévoyance, qui est le point de départ de toute fortune [1].

1. Pour bien faire comprendre la sécurité qu'offrent certaines grandes Compagnies d'assurances, nous dirons que l'une d'elles, *la Nationale*, possède un capital de garantie de plus de 202 millions.

Depuis sa fondation, elle a assuré pour 867,951,810 francs.

— — elle a payé au décès des assurés 62,703,675 francs.

Bénéfices répartis entre les assurés participants : 26,748,762 francs.

Cette participation a pour but de diminuer progressivement le montant de la prime annuelle et de l'éteindre même au bout d'une période que la durée de la vie moyenne permet d'atteindre et de dépasser. A partir de l'extinction de la prime, l'assuré touche sa part des bénéfices en espèces.

De pareils chiffres sont éloquents. Nous engageons MM. les instituteurs, désireux d'étudier le mécanisme si instructif de ces assurances, à demander à la Compagnie *la Nationale*, rue de Grammont, à Paris, les brochures qui développen le système. — Ces brochures sont envoyées gratuitement.

FIN DE LA PREMIÈRE ANNÉE D'ARITHMÉTIQUE.

LEXIQUE DES MOTS MARQUES D'UN ASTÉRISQUE

A-compte, *s. m.* Payement partiel d'une dette.

Arsenal, *s. m.* Dépôt d'armes et de munitions de guerre.

Ballot, *s. m.* Paquet de marchandises.

Batterie, *s. f.* Réunion de plusieurs pièces d'artillerie.

Billet (de banque), *s. m.* Monnaie de papier émise par la Banque de France.

Binage, *s. m.* Seconde façon donnée à la terre pour la briser.

Bourrées, *s. f.* Fagots de menues branches.

Céréales, *s. f.* Nom qui comprend les plantes et graines farineuses, telles que le blé, le seigle, l'orge, etc.

Circonférence, *s. f.* La ligne courbe qui limite la surface d'un cercle.

Colombine, *s. f.* Fiente de pigeon ou de volaille utilisée comme engrais.

Comète, *s. f.* Astre errant accompagné d'une traînée lumineuse.

Cretons, *s. m.* Sorte de pains formés des résidus des graisses de bœuf et de mouton, pour la nourriture des chiens de basse-cour.

Croquis, *s. m.* Premier dessin fait en quelques traits.

Distillée (eau), *s. f.* Eau réduite en vapeur, puis refroidie et recueillie goutte à goutte.

Drainage, *s. m.* Art d'assainir les terrains humides au moyen de rigoles souterraines garnies de pierres; le plus souvent on remplace les rigoles par des tuyaux en terre cuite ou *drains*.

Emballage, *s. m.*, se dit des papiers, toiles ou caisses qui enveloppent une marchandise.

Entrepreneur, *s. m.* Celui qui s'engage à faire certains travaux à des prix et conditions déterminés.

Epargne (Caisse d'), *s. f.* Établissement qui reçoit les économies des ouvriers, des domestiques, etc., et qui les fait fructifier.

Equateur, *s. m.* Grand cercle qui est censé partager la terre en deux hémisphères, l'un septentrional, l'autre méridional.

Facture, *s. f.* Note détaillée des fournitures faites par un marchand.

Faitages, *s. m.* Tuiles concaves qui protègent le haut d'un toit.

Fixe, *adj.* Immobile, qui ne varie pas, par opposition à *mobile*.

Fonte, *s. f.* Produit immédiat du minerai de fer traité par le charbon ; c'est un carbone de fer qui contient 5 pour cent de carbone.

Géomètre, *s. m.* Celui qui sait la géométrie, et qui l'applique à la mesure des terrains.

Guano, *s. m.* Engrais formé de fientes d'oiseaux de mer, qu'on trouve en amas considérables dans certaines îles de la côte du Pérou.

Indicateur des chemins de fer, *s. m.* Livret qui donne des renseignements sur la marche des trains de chemin de fer et les prix de parcours.

Ingénieur, *s. m.* Celui qui trace et conduit des travaux publics, tels que constructions et entretiens des routes, des ponts, exploitation des mines, etc.

Liège, *s. m.* Écorce spongieuse d'une espèce de chêne ; partie extérieure de l'écorce des arbres, dont on fait des bouchons.

Méteil, *s. m.* Mélange de seigle et de froment.

Mobile, *adj.* Qui peut se mouvoir, par opposition à *fixe*.

Mont-Blanc, *s. pr.* Montagne située dans le département de la Haute-Savoie : la plus élevée de la chaîne des Alpes.

Pépinière, *s. f.* Terrain dans lequel on fait des semis d'arbres pour en obtenir de jeunes plants.

Percepteur, *s. m.* Préposé au recouvrement des impositions.

Plâtre (sulfate de chaux), *s. m.* Pierre blanche cuite et réduite en poussière qui, délayée avec de l'eau, sert à bâtir.

Pôles, *s m.* Extrémités de l'axe de la terre; il y a le pôle nord et le pôle sud.

Poudrette, *s. f* Engrais composé d'excréments desséchés et réduits en poudre.

Quintal, *s. m.* Poids de 100 kilos.

Rabais, *s. m.* Diminution consentie sur le prix d'une marchandise.

Rayon, *s. m.* Ligne droite qui va du centre à la circonférence

Salpêtre, *s. m.* (azotate de potasse). Espèce de sel qui, mélangé au soufre et au charbon, forme la poudre à canon.

Soufre, *s m.* Minéral d'un jaune clair, inflammable, qui entre dans la fabrication des allumettes chimiques.

Testament, *s. m.* Acte authentique par lequel on fait connaître ses dernières volontés.

Tourteau, *s. m.* Résidus de matières végétales, telles que lin, betteraves, etc., dont on a exprimé le suc et qui, façonnés en gâteaux grossiers, servent d'engrais.

Traite, *s. f.* Terme de commerce, ordre écrit d'avoir à payer une somme convenue.

Valeurs, *s. f.*, en terme de commerce, se dit de tous engagements écrits, représentant une somme d'argent.

Verger, *s. m.* Terrain planté d'arbres fruitiers.

TABLE DES MATIÈRES

Paris. — Imp. E. Capiomont et V. Renault, rue des Poitevins, 6.

NOUVEAU COURS
DE LANGUE FRANÇAISE
PAR MM. LARIVE ET FLEURY

« **Orthographe & Rédaction.** »

Ouvrage adopté pour les écoles communales de Paris, Lyon, etc.

MÉDAILLE D'OR
de la Société des anciens élèves de l'École normale
de Versailles.

Grammaire préparatoire, à l'usage des élèves de 7 à 8 ans, par demandes et par réponses, en gros caractères, avec de nombreux exercices..... 60 c.
La même, **Partie du Maître**, avec 200 nouveaux devoirs........... » »

COURS DE PREMIÈRE ANNÉE
A L'USAGE DES ÉLÈVES DE 8 A 10 ANS

La Première année de Grammaire (les dix parties du discours), avec 31? exercices d'orthographe et de rédaction et un Lexique des mots difficiles. In-12, cart.. 75 c.
La même, **Partie du Maître**, contenant : à gauche, le texte de l'élève; à droite, en regard du texte de l'élève, des commentaires, le corrigé des Exercices et 200 dictées. In-12, cart.............................. 1 fr. 60
Exercices français de Première année, correspondant et faisant suite à la Première année de Grammaire (Orthographe, Invention, Rédaction, Mots usuels). In-12, cart.. 75 c.
Les mêmes, **Partie du Maître**, contenant : à gauche, le texte de l'élève; à droite, le corrigé des Exercices. In-12, cart.................. 1 fr. 60

COURS DE DEUXIÈME ANNÉE
A L'USAGE DES ÉLÈVES QUI RECHERCHENT LE CERTIFICAT D'ÉTUDES

La Deuxième année de Grammaire (Révision, Syntaxe, Style et Composition), avec 360 Exercices d'orthographe et de rédaction, Lexique des mots difficiles. In-12, cartonné.................................. 1 fr. 25
La même, **Partie du Maître**, contenant : à gauche, le texte de l'élève; à droite, des commentaires grammaticaux, des développements tirés de la *Méthode historique*, et 50 dictées. In-12, cart.................. 2 fr. 50
Exercices français de Deuxième année, correspondant à la Deuxième année de Grammaire (Syntaxe, Style et Composition). In-12, cart.. 1 fr. 25
Les mêmes, **Partie du Maître**, contenant : à gauche, le texte de l'élève; à droite, les corrigés.. 2 fr. 50

COURS DE TROISIÈME ANNÉE
A L'USAGE DES PENSIONNATS, DES CANDIDATS AU DIPLÔME D'ÉTUDES ET AU BREVET DE CAPACITÉ

La Troisième année de Grammaire (Révision et Compléments de grammaire, Formation et dérivation des mots, Style et Composition, Littérature, Histoire littéraire), avec 336 Exercices d'orthographe et de rédaction, Lexique des mots difficiles. In-12, cart............................ 1 fr. 80
La même, **Partie du Maître**, contenant le corrigé des devoirs. In-12, cartonné.. 3 fr.
Exercices français de Troisième année. In-12, cart. (*En préparation*).
Les mêmes, **Partie du Maître.** In-12, cart. (*En préparation.*)

Paris. — Imp. E. Capiomont et V. Renault, rue des Poitevins, 6.

www.ingramcontent.com/pod-product-compliance
Ingram Content Group UK Ltd.
Pitfield, Milton Keynes, MK11 3LW, UK
UKHW020607180726
13838UKWH00001B/487

9 782329 366036

TABLEAUX SYNOPTIQUES

DE

DROIT ROMAIN